序

AI 時代已經來臨，稽核工作不再僅限於內部資料。如何善用 OPEN DATA 以提升作業效率，確保法令遵循已經變得極為重要，也成為一項必須學習的技能。從洗錢防制管制名單到最近熱門的反詐騙領域，如 ID、手機號碼、帳戶等，無法有效掌握公告資料，提早識別風險對象，並充分履行盡職調查責任，已有多家企業遭受到重大損失和主管機關的罰款。

JCAATs 為 AI 語言 Python 所開發的新一代稽核軟體，可同時於 PC 或 MAC 環境執行，它不僅具備傳統電腦輔助稽核工具(CAATs)的大數據分析功能，還包含多種人工智慧功能，例如資料爬蟲、文字探勘和機器學習等，使稽核分析變得更加智能化。其 OPEN DATA 和網路爬蟲等資料整合功能，讓使用者能夠透過簡單的複製貼上方式快速匯入所需的 OPEN DATA 公告資料，進行內部系統資料比對，從而提升作業效率和效果。該軟體支援開放式資料架構，可與多種資料庫、雲端資料源以及不同檔案類型進行整合，使稽核資料的收集和整合變得更加方便和快速。它還提供繁體中文和視覺化使用者介面，即使不熟悉 Python 語言的稽核人員也可以輕鬆操作，快速生成 Python 稽核程式。

透過實務案例進行上機演練，讓學員練習各種不同格式的 OPEN DATA，例如 XML、JSON、CSV、HTML 或網頁單一檔案，及網頁多檔案等匯入技巧。透過演練，學習洗錢防制黑名單、利害關係人建檔的有效性、政府拒往名單、165 反詐騙、公開資訊觀測站、政府資料開放平台之投資理財、公司設立與解散、公告價格等查核實務應用。本教材由具備國際專業的稽核實務顧問群精心編撰，並經 ICAEA 國際電腦稽核教育協會認證，附帶完整的實例練習資料。此外，學員還可以通過申請獲得 AI 稽核軟體 JCAATs 的試用教育版。歡迎對 OPEN DATA 應用感興趣的法遵專業人士、會計師、內部稽核人員、各級管理人員、大專院校師生等一同參與學習和交流。

JACKSOFT 傑克商業自動化股份有限公司
ICAEA 國際電腦稽核教育協會台灣分會
黃秀鳳總經理/分會長
2023/09/12

電腦稽核專業人員十誡

ICAEA 所訂的電腦稽核專業人員的倫理規範與實務守則，以實務應用與簡易了解為準則，一般又稱為『電腦稽核專業人員十誡』。其十項實務原則說明如下：

1. 願意承擔自己的電腦稽核工作的全部責任。
2. 對專業工作上所獲得的任何機密資訊應要確保其隱私與保密。
3. 對進行中或未來即將進行的電腦稽核工作應要確保自己具備有足夠的專業資格。
4. 對進行中或未來即將進行的電腦稽核工作應要確保自己使用專業適當的方法在進行。
5. 對所開發完成或修改的電腦稽核程式應要盡可能的符合最高的專業開發標準。
6. 應要確保自己專業判斷的完整性和獨立性。
7. 禁止進行或協助任何貪腐、賄賂或其他不正當財務欺騙性行為。
8. 應積極參與終身學習來發展自己的電腦稽核專業能力。
9. 應協助相關稽核小組成員的電腦稽核專業發展，以使整個團隊可以產生更佳的稽核效果與效率。
10. 應對社會大眾宣揚電腦稽核專業的價值與對公眾的利益。

目錄

jacksoft | AI Audit Expert

www.jacksoft.com.tw

Python Based 人工智慧稽核軟體

電腦稽核實務個案演練

AI智能稽核-善用OPEN DATA 提升法令遵循實例演練

傑克商業自動化股份有限公司

JACKSOFT為經濟部能量登錄電腦稽核與GRC(治理、風險管理與法規遵循)專業輔導機構，服務品質有保障

國際電腦稽核教育協會
認證課程

利用外部資料庫進行客戶KYC盡職調查

金管會 銀行局 證期局 保險局 檢查局

金融監督管理委員會 Financial Supervisory Commission R.O.C. (Taiwan) 證券期貨局 Securities and Futures Bureau

機關介紹 | 公告資訊 | 法規資訊 | 金融資訊 | 投資人園地 | 便民服務 | 政府資訊公開 | 業務主題專區 | 因應嚴重特殊傳染性肺炎(COVID-19)防疫措施專區 | 相關單位連結

公告資訊：新聞稿、即時新聞澄清、IFRSs實施情況、重大政策、最新消息、個人資料保護專區、裁罰案件、徵才資訊、標售資訊、團體訴訟案件(包含民刑事)、稅式支出評估報告

回首頁 > 公告資訊 > 裁罰案件 > 裁罰案

裁罰案

會計師核有違反洗錢防制法之罰鍰案(金管證審罰字第1110345626號)

2022-07-04

金融監督管理委員會　裁處書

受文者：如正副本

發文日期：中華民國111年7月1日

發文字號：金管證審罰字第1110345626號

受處分人：○○○會計師

國民身分證統一編號或外國人之國籍及居留證編號：略

地址：略

主旨：受處分人未依規定辦理洗錢防制相關事宜，爰依洗錢防制法第6條第5項及第7條第5項處罰鍰共計新臺幣10萬元。

事實：

一、本會委託社團法人中華民國會計師公會全國聯合會(下稱全聯會)於110年11月2日對受處分人進行防制洗錢及打擊資恐現地檢查，受處分人未於現場提供完整工作底稿，且迄今仍未完整提供。

二、另於現場留存底稿中抽查發現受處分人未對客戶及案件進行風險評估；客戶為法人時，未使用可靠來源之資料或資訊，以瞭解客戶之所有權及控制權結構，辨識及驗證客戶之實質受益人；未取得客戶之名稱、法律形式及存在證明以辨識及驗證客戶身分；未利用外部資料庫或資訊來源確認客戶及其實質受益人是否為現任或曾任國內外政府或國際組織之重要政治性職務人士。

資料來源：
https://www.sfb.gov.tw/ch/home.jsp?id=104&parentpath=0,2,102&mcustomize=multimessages_view.jsp&dataserno=202207040001&dtable=Penalty

7銀行員變詐團共犯？ 聯◯銀爆內鬼詐騙數千萬 手法曝光

21:53 2023/07/10 | 中時 | 蔡雯如

聯◯銀行爆內鬼成詐團共犯。(報系資

聯◯銀行爆出行員勾結詐騙集團，聯◯銀行通化分行張姓經理和行員涉嫌幫助詐團提高轉帳、提款額度，初估詐騙金額達數千萬元，張男等7名被告被依銀行法、詐欺、洗錢等罪帶回地檢署複訊。（蔡◯如攝）

聯◯銀行爆出行員勾結詐騙集團，檢方偵辦電信詐欺案時，意外發現多個人頭帳戶在聯邦銀行通化分行，該分行張姓經理和行員涉嫌幫助詐團提高轉帳、提款額度，初估詐騙金額達數千萬元，檢警今兵分4路，帶回張男等7名被告，全案朝銀行法、詐欺、洗錢等罪偵辦。

新北地檢署10日指揮內政部警政署刑事警察局偵查第六大隊，前往聯◯銀行總行、通化分行、2名行員住所搜索，同時前往聯邦銀行台北分行、忠孝分行查調相關交易憑證、查扣相關文書、電磁紀錄等物證。

據悉，詐團開出高報酬給予張男和旗下行員，每次協助可獲利數萬元，張男等人手段幾乎與近期爆發的行員勾結案如出一轍，張男等人協助詐團，將轉帳、提款金額調高，大幅降低詐團洗錢難度，使詐騙集團獲利數千萬元。

資料來源:https://www.chinatimes.com/realtimenews/20230710004949-260402?chdtv

中◯銀3分行行員涉勾結詐騙集團 金管會重罰2千萬要求究責

Yahoo奇摩（即時新聞）
2023年5月30日 週二 下午7:56

中◯銀成功分行、東民生分行、蘆洲
結，調高網路銀行轉帳及ATM提領日
辦理以上2項客戶作業確實有缺失，

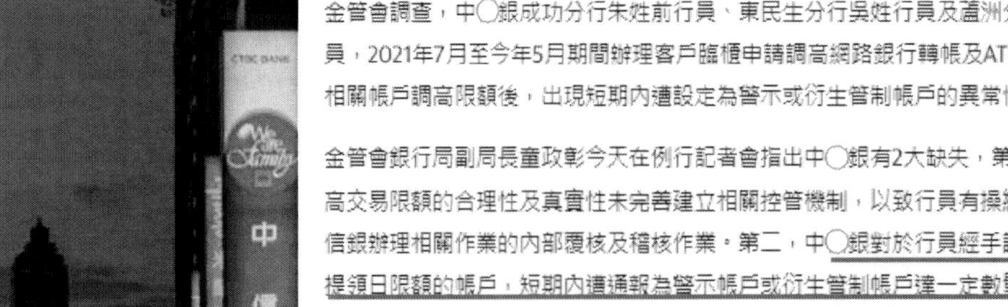

中信銀成功分行、東民生分行、蘆洲分行發生行員涉嫌與詐騙集團勾結辦理客戶調高網銀轉帳及ATM提領日限額，遭檢調調查及起訴，金管會調查後認定中◯銀作業確實有缺失，30日宣布開罰中信銀新台幣2000萬元。（翻攝自中◯信託銀行網站）

金管會並對中◯銀提出2大監理要求，第一，要求中信銀檢討總行對於未完善建立內控制度所涉相關人員責任；第二，金管會將依「銀行資本適足性及資本等級管理辦法」規定，針對第二支柱監理審查要求中◯銀增加作業風險資本計提。

金管會調查，中◯銀成功分行朱姓前行員、東民生分行吳姓行員及蘆洲分行蕭姓行員共3名行員，2021年7月至今年5月期間辦理客戶臨櫃申請調高網路銀行轉帳及ATM提領日限額作業，相關帳戶調高限額後，出現短期內遭設定為警示或衍生管制帳戶的異常情事。

金管會銀行局副局長童政彰今天在例行記者會指出中◯銀有2大缺失，第一，對於確認客戶調高交易限額的合理性及真實性未完善建立相關控管機制，以致行員有操縱舞弊空間，不利中信銀辦理相關作業的內部覆核及稽核作業。第二，中◯銀對於行員經手調高網銀轉帳及ATM提領日限額的帳戶，短期內遭通報為警示帳戶或衍生管制帳戶達一定數量或比例較高者，未能建立相關監控機制，以致無法有效掌握員工辦理業務異常情事並即時關懷詢問，無法達到事前防杜及事中、事後適當處理效能。

金管會今天宣布開罰中◯銀2000萬元，並要求中◯銀追究相關人員責任並增加作業風險資本計提。金管會在正式開罰以前，已於5月17日發函向中◯銀提出3大要求，第一，要求中◯銀回溯調查相關異常表徵並啟動全面清查，第二，要求中◯銀檢討後提出改善措施並將案例提報銀行公會討論，第三，要求中◯銀加強行員管理。

資料來源：Yahoo! 新聞

善用法遵科技加強黑名單持續性監控

風險分析	控制點	善用法遵科技稽核重點
客戶為遭警政單位列為黑名單之對象往來，造成收款風險。	盡職調查須將警政單位公告詐騙黑名單，列入檢查項目，避免與其往來。	將黑名單比對客戶主檔、訂單明細檔等，避免與黑名單對象往來。
合作供應商疑似為詐騙集團，可能會在收款後潛逃。	審核合作供應商時應評估其網站是否為正常網站。	將165所列之被檢舉網站跟廠商網站進行比對，分析是否可能為詐騙的供應商。 持續比對黑名單與供應商主檔、進貨明細檔，找出異常者，即時因應處理。
員工與詐騙集團勾結，進行疑似洗錢或詐騙等交易。	需要建立有效之持續監控機制。	查核約定轉入帳戶是否為遭通報之境外帳戶? 查核是否有業務經辦過多異常交易事項?

Copyright © 2023 JACKSOFT.

面臨複雜的資訊及網路發展，組織如何進行管理以達成合規的要求？

對於絕大多數組織來說，企業和政府機構在進行合規及遵守的要求時，都需面臨到複雜的管理及昂貴的成本，且這個挑戰只會越來越大。

我們可以見到，每個企業部門所需遵守的規定越來越多，且這些規定還在不斷變化。另外還有公司的風險，涵蓋多個財務與業務系統的政策和控制。

法令遵循備受重視

❶ 監管標準嚴格

2008年以後，全球法遵規範從嚴，導致企業、金融機構疲於應付。

❷ 法條修改快速

全球平均每日有200法條修正，以及2008年~2015年，平均全球法規變動達492%。

❸ 法令遵循成本大增

在2008年以後，企業、金融機構法遵費用超過3200億美元。

法遵科技(RegTech)興起

- 起始: 自由市場機制的管控，跨域跨界
- 第一階段: 2003年聯合國通過反貪腐公約，許多國家都制定相關法律
- 第二階段: 2000年後的企業舞弊案件與金融大海嘯
- 第三階段: 資訊科技的快速發展改變經濟市場生態
- 第四階段: 金融科技(Fintech)所引發的負面效應
- 第五階段: ??COVID-19?? 地球永續 SDGs???

法遵科技(RegTech)應用範疇

外部法遵:

- 政府規定: **GDPR, FCPA, SOX,OFAC,....**
- 產業規定:**AML,HIPAA, PCI DDS,Dodd Frank, OMB A-123, ...**

內部治理:

- **COSO, COBIT,ITGC, ISO, ...**

Policy Attestation Whodunnit, who didn't? Centrally track attestation of corporate policies to assess your workforce's compliance with annual policy and training.	**FCPA Compliance** Don't get bitten by the FCPA	**Whistle Blower or Incident Hotline** Build a better whistle. A cornerstone of sound ethics and risk management.
Contract Compliance Take control now! Centrally manage contracts for the very best practice in oversight.	**Export Compliance** If you're global and you know it...protect yourself from embarrassing export risks.	**Regulatory Compliance** Are 29,000+ regulatory changes per year keeping you up at night? Confidently manage impact and update your business.
Banking & Insurance Compliance Take the devil out of the details. Manage your financial services regulatory obligations.	**Conduct Risk Management** Regulators want proof of conduct assurance. Paint them a pretty picture.	**AML Compliance** Keep the regulators out of your laundry.

近年來透過資料分析技術(CAATs)來達成內外法遵的要求有明顯的提高趨勢。 --- ICAEA 國際電腦稽核教育協會

全球OPEN DATA資料發展趨勢

資料來源: https://adrets-asso.fr/?OpenDataLocale

全球 Open Data 發展趨勢地圖

推動政府開放資料之地區，顏色偏綠較開放

資料來源: Open Data Watch

何謂Open Data?

開放格式提供，且以無償方式、不可撤回，並得再轉授權方式授權利用為原則。

國家發展委員會 NATIONAL DEVELOPMENT COUNCIL

政府化身Open Data供應商

人民當數位服務自造者

政府資料開放授權條款 https://data.gov.tw/license

Open Data使用面臨的挑戰

- 提供者以多樣化的檔案格式傳遞開放資料
- 資料內容所使用的編碼方式(encoding)儲存可能不同
- 內容的資料結構需要判讀，結構化程度也不同
- 不同檔案格式可選用的工具支援豐富程度不一

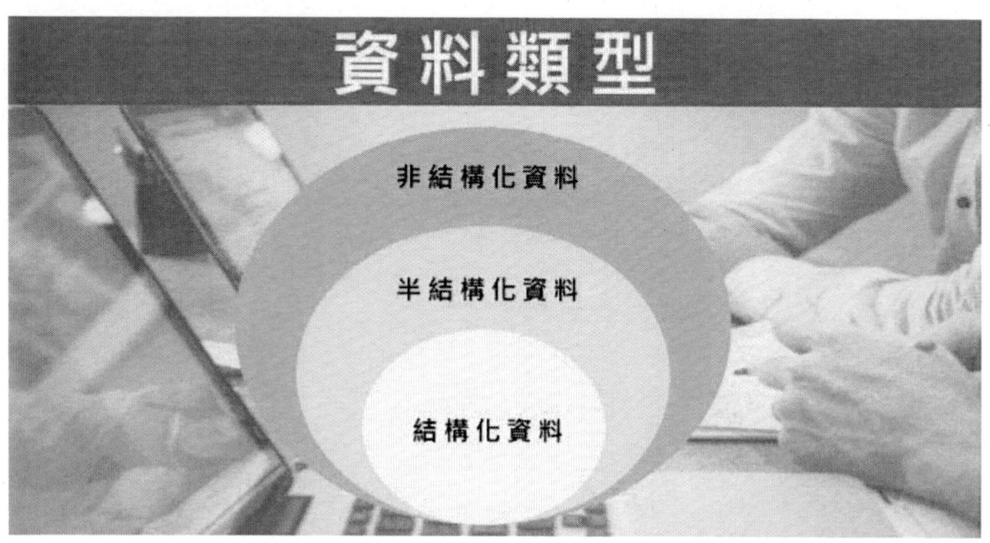

結構化資料-表格(Tabular)

- 如CSV 檔:

國內公開發行公司股票每月發行概況.csv - 記事本

檔案(F) 編輯(E) 格式(O) 檢視(V) 說明

```
月別,上市公司-家數,上市公司-資本額,上市公司-成長率,上市公司-上市面值,上市公司-上市公司市值,
2019-09,936,7149.14,0.00,7078.30,32784.56,775,752.06,-0.05,723.68,3223.94,678,1456.99
2019-10,936,7147.71,-0.02,7081.47,34388.59,776,748.77,-0.44,722.22,3326.71,681,1459.79
2019-11,937,7146.42,-0.02,7078.05,34809.14,775,749.89,0.15,721.60,3337.77,679,1452.50
2019-12,942,7155.64,0.13,7093.41,36413.52,775,746.66,-0.43,720.62,3433.53,677,1483.45
2020-01,941,7153.98,-0.02,7082.37,34903.35,774,744.16,-0.33,717.92,3266.23,682,1485.57
2020-02,941,7153.74,0.00,7081.81,34302.26,774,744.64,0.06,718.56,3273.92,680,1484.40
2020-03,942,7175.71,0.31,7102.69,29516.73,777,747.24,0.35,719.77,2722.30,677,1482.53
2020-04,943,7160.37,-0.21,7105.98,33428.35,777,748.00,0.10,719.63,3183.63,677,1467.01
2020-05,944,7166.21,0.08,7116.22,33289.67,776,746.62,-0.18,718.72,3397.88,673,1452.78
2020-06,944,7166.82,0.01,7116.65,35382.68,776,746.14,-0.06,718.44,3723.79,670,1359.76
2020-07,944,7187.02,0.28,7114.95,38521.51,777,748.15,0.27,719.39,3808.70,668,1339.93
2020-08,946,7233.42,0.65,7135.93,38308.66,776,749.18,0.14,719.66,3883.44,678,1346.41
2020-09,946,7242.93,0.13,7179.61,38112.91,778,744.11,-0.68,716.56,3804.23,687,1351.52
```

⇨資料欄位名稱

資料內容

以逗點為欄位區隔

半結構化資料-巢狀結構 (Nested structure)


```
▼<dataset>
  ▼<row>
    <月別>2019-09</月別>
    <上市公司-家數>936</上市公司-家數>
    <上市公司-資本額>7149.14</上市公司-資本額>
    <上市公司-成長率>0.00</上市公司-成長率>
    <上市公司-上市面值>7078.30</上市公司-上市面值>
    <上市公司-上市公司市值>32784.56</上市公司-上市公司市值>
    <上櫃公司-家數>775</上櫃公司-家數>
    <上櫃公司-資本額>752.06</上櫃公司-資本額>
    <上櫃公司-成長率>-0.05</上櫃公司-成長率>
    <上櫃公司-上櫃面值>723.68</上櫃公司-上櫃面值>
    <上櫃公司-上櫃市值>3223.94</上櫃公司-上櫃市值>
    <未上市未上櫃公司-家數>678</未上市未上櫃公司-家數>
    <未上市未上櫃公司-資本額>1456.99</未上市未上櫃公司-資本額>
  </row>
  ▼<row>
    <月別>2019-10</月別>
    <上市公司-家數>936</上市公司-家數>
    <上市公司-資本額>7147.71</上市公司-資本額>
    <上市公司-成長率>-0.02</上市公司-成長率>
    <上市公司-上市面值>7081.47</上市公司-上市面值>
    <上市公司-上市公司市值>34388.59</上市公司-上市公司市值>
    <上櫃公司-家數>776</上櫃公司-家數>
    <上櫃公司-資本額>748.77</上櫃公司-資本額>
    <上櫃公司-成長率>-0.44</上櫃公司-成長率>
    <上櫃公司-上櫃面值>722.22</上櫃公司-上櫃面值>
    <上櫃公司-上櫃市值>3326.71</上櫃公司-上櫃市值>
    <未上市未上櫃公司-家數>681</未上市未上櫃公司-家數>
    <未上市未上櫃公司-資本額>1459.79</未上市未上櫃公司-資本額>
  </row>
```


- 如 XML 檔就是一半結構化資料格式的檔案
- 可延伸標記式語言（Extensible Markup Language，簡稱：XML）是一種標記式語言。標記指電腦所能理解的資訊符號，通過此種標記，電腦之間可以處理包含各種資訊的文章等。

半結構化資料-巢狀結構 (Nested structure)

- 如 JSON **檔**就是一半結構化資料格式的檔案
- JSON全名叫做JavaScript Object Notation，就是在JavaScript之中，表示**物件**的一種格式。其格式網路程式撰寫較易，因而受到歡迎。

陣列(array)用中括號 [ ] ➔ 一批的資料

物件(object)用大括號 { } ➔ 每筆資料內容

一個物件下可以包含多個陣列，一個陣列內可以包含多個物件。

結構化的JSON 範例說明

表格名稱: 學生成績

編號	班級	姓名	國文	英文	數學	自然	社會
1	701	周杰倫	85	98	99	78	95
2	701	蔡依珊	95	95	78	68	96
3	703	林俊傑	86	96	85	94	65
4	704	吳宗憲	76	97	86	89	85
5	705	林依晨	62	76	84	70	82

{"學生成績": [
{"班級":701,"姓名":"周杰倫","國文":85,"英文":98,"數學":99,"自然":78,"社會":95},
{"班級":701,"姓名":"蔡依珊","國文":95,"英文":95,"數學":78,"自然":68,"社會":96},
{"班級":703,"姓名":"林俊傑","國文":86,"英文":96,"數學":85,"自然":94,"社會":65},
{"班級":704,"姓名":"吳宗憲","國文":76,"英文":97,"數學":86,"自然":89,"社會":85},
{"班級":705,"姓名":"林依晨","國文":62,"英文":76,"數學":84,"自然":70,"社會":82}
]}

半結構化資料-巢狀結構 (Nested structure)

很多在 OPEN DATA 下的JSON檔案，<u>並未完全符合Wrell-Formed JSON 檔案</u>的完整結構，因此在匯入資料時需要進行正規化。才能將結構化部分的資料匯入JCAATs。

國內公開發行公司股票每月發行概況2.json

```
[
    {
        "月別":"2019-09",
        "上市公司-家數":"936",
        "上市公司-資本額":"7149.14",
        "上市公司-成長率":"0.00",
        "上市公司-上市面值":"7078.30",
        "上市公司-上市公司市值":"32784.56",
        "上櫃公司-家數":"775",
        "上櫃公司-資本額":"752.06",
        "上櫃公司-成長率":"-0.05",
        "上櫃公司-上櫃面值":"723.68",
        "上櫃公司-上櫃市值":"3223.94",
        "未上市未上櫃公司-家數":"678",
        "未上市未上櫃公司-資本額":"1456.99"
    },
    {
        "月別":"2019-10",
        "上市公司-家數":"936",
        "上市公司-資本額":"7147.71",
        "上市公司-成長率":"-0.02",
        "上市公司-上市面值":"7081.47",
        "上市公司-上市公司市值":"34388.59",
        "上櫃公司-家數":"776",
        "上櫃公司-資本額":"748.77",
        "上櫃公司-成長率":"-0.44",
        "上櫃公司-上櫃面值":"722.22",
        "上櫃公司-上櫃市值":"3326.71",
        "未上市未上櫃公司-家數":"681",
        "未上市未上櫃公司-資本額":"1459.79"
    },
```

缺少一開頭的表格名稱註記.

非結構化資料

- **非結構化資料**指的是未經整理過的資料，也就是資料的本質。常見的文字、圖片、音樂、影片、PDF、網頁等...，都屬於非結構化資料。

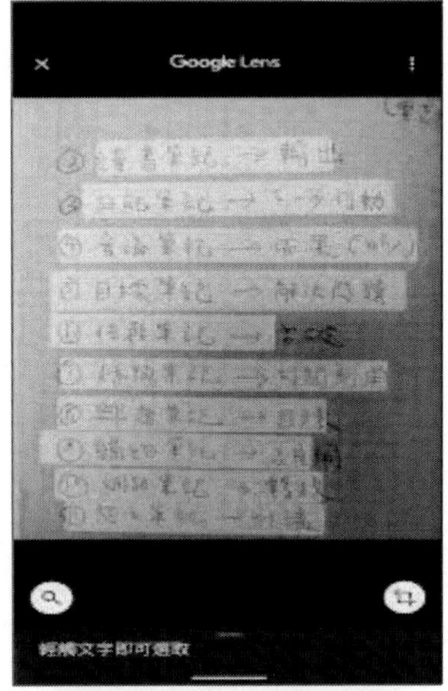

手寫文字檔

網頁檔

常見的Open Data檔案格式: JSON/XML/CSV

稽核軟體對Open Data 大數據的蒐集技術發展:

- **結構化的資料檔案**匯入已有穩定技術
  – 例如: CSV，DBF，EXCEL 等

- 目前積極增加不同的**半結構化資料**的匯入技術研發
  – 例如: XML，JSOB，XBRL，Report File 等

- 目前積極地透過**AI技術研發匯入非結構化的資料**
  – 例如: **OCR 辨識合約文字**
  (Jacksoft 的合約查核課程會指導各位此方面的使用技術)

AI Audit Expert
Copyright © 2023 JACKSOFT.

常見的Open Data 網址

1、台灣政府資料開放平台：https://data.gov.tw/
2、香港政府數據中心：https://data.gov.hk/en/
3、英國國家數據中心：https://data.gov.uk/
4、日本統計局：http://www.stat.go.jp/
5、中國國家數據中心：http://data.stats.gov.cn/
6、美國政府開放資料：https://www.data.gov/
7、歐盟資料平台：https://www.europeandataportal.eu/
8、世界銀行 World Bank Open Data https://data.worldbank.org/
9、世界經濟貿易合作組織資料庫：https://data.oecd.org/
10、公開資訊觀測站 https://mops.twse.com.tw/mops/web/index
11、商工行政資料開放平台
https://data.gcis.nat.gov.tw/main/index

AI時代的稽核分析工具

Structured Data  Unstructured Data

An Enterprise

New Audit Data Analytic =

Data Analytic + Text Analytic + Machine Learning

Source: ICAEA 2021

Data Fusion: 需要可以快速融合異質性資料提升資料品質與可信度的能力。

電腦輔助稽核技術(CAATs)

- 稽核人員角度所設計的通用稽核軟體，有別於以資訊或統計背景所開發的軟體，以資料為基礎的Critical Thinking(批判式思考)，強調分析方法論而非僅工具使用技巧。
- 適用不同來源與各種資料格式之檔案匯入或系統資料庫連結，其特色是強調有科學依據的抽樣、資料勾稽與比對、檔案合併、日期計算、資料轉換與分析，快速協助找出異常。
- 由傳統大數據分析 往 AI人工智慧智能分析發展。

C++語言開發
付費軟體
Diligent Ltd.

以VB語言開發
付費軟體
CaseWare Ltd.

以Python語言開發
免費軟體
美國楊百翰大學

JCAATs-
AI稽核軟體
--Python Based

Audit Data Analytic Activities

ICAEA 2022 Computer Auditing： The Forward Survey Report

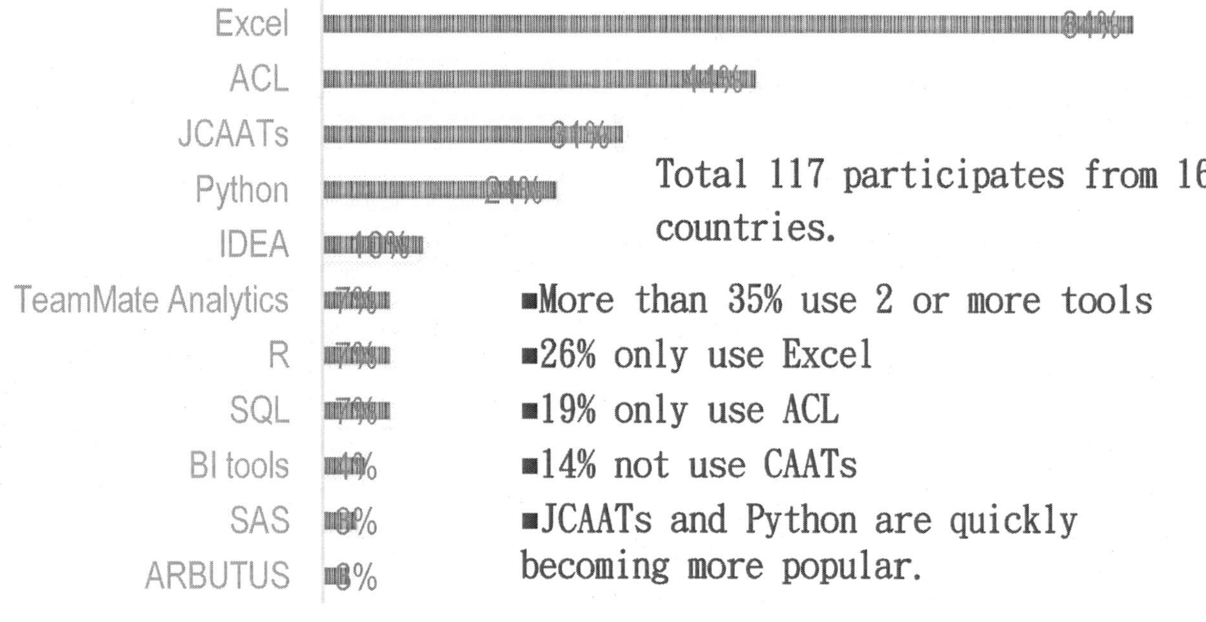

Total 117 participates from 16 countries.

- More than 35% use 2 or more tools
- 26% only use Excel
- 19% only use ACL
- 14% not use CAATs
- JCAATs and Python are quickly becoming more popular.

JCAATs 人工智慧新稽核

Through JCAATs Enhance your insight
Realize all your auditing dreams

繁體中文與視覺化的使用者介面

Run both on Mac and Windows OS

Modern Tools for Modern Time

JCAATs為 AI 語言 Python 所開發新一代稽核軟體，**遵循AICPA稽核資料標準**，具備傳統電腦輔助稽核工具(CAATs)的**數據分析功能**外，更包含許多人工智慧功能，如**文字探勘**、**機器學習**、**資料爬蟲**等，讓稽核分析更加智慧化，**提升稽核洞察力**。

JCAATs功能強大且易於操作，可分析大量資料，**開放式資料**架構，可與**多種資料庫**、**雲端資料源**、**不同檔案類型**及 **ACL 軟體介接**，讓稽核資料收集與融合更方便與快速。**繁體中文與視覺化使用者介面**，不熟悉 Python 語言的稽核或法遵人員也可透過**介面簡易操作**，輕鬆產出 Python 稽核程式，並可與廣大免費之開源 Python 程式資源整合，**讓稽核程式具備擴充性和開放性**，不再被少數軟體所限制。

JCAATs AI人工智慧功能

機器學習 & 人工智慧
- 離群分析
- 集群分析
- 學 習
- 預 測
- 趨勢分析

資料融合
- 多檔案一次匯入
- ODBC資料庫介接
- OPEN DATA 爬蟲
- 雲端服務連結器
- SAP ERP

JCAATs

文字探勘
- 模糊比對
- 模糊重複
- 關鍵字
- 文字雲
- 情緒分析

大數據分析
- 視覺化分析
- 資料驗證
- 勾稽比對
- 分析性複核
- 數據分析

*JACKSOFT為經濟部技術服務能量登錄AI人工智慧專業輔導與訓練機構
*JCAATs軟體並通過AI4人工智慧行業應用內部稽核與作業風險評估項目審核

JCAATs 3.1-超過百家客戶口碑肯定

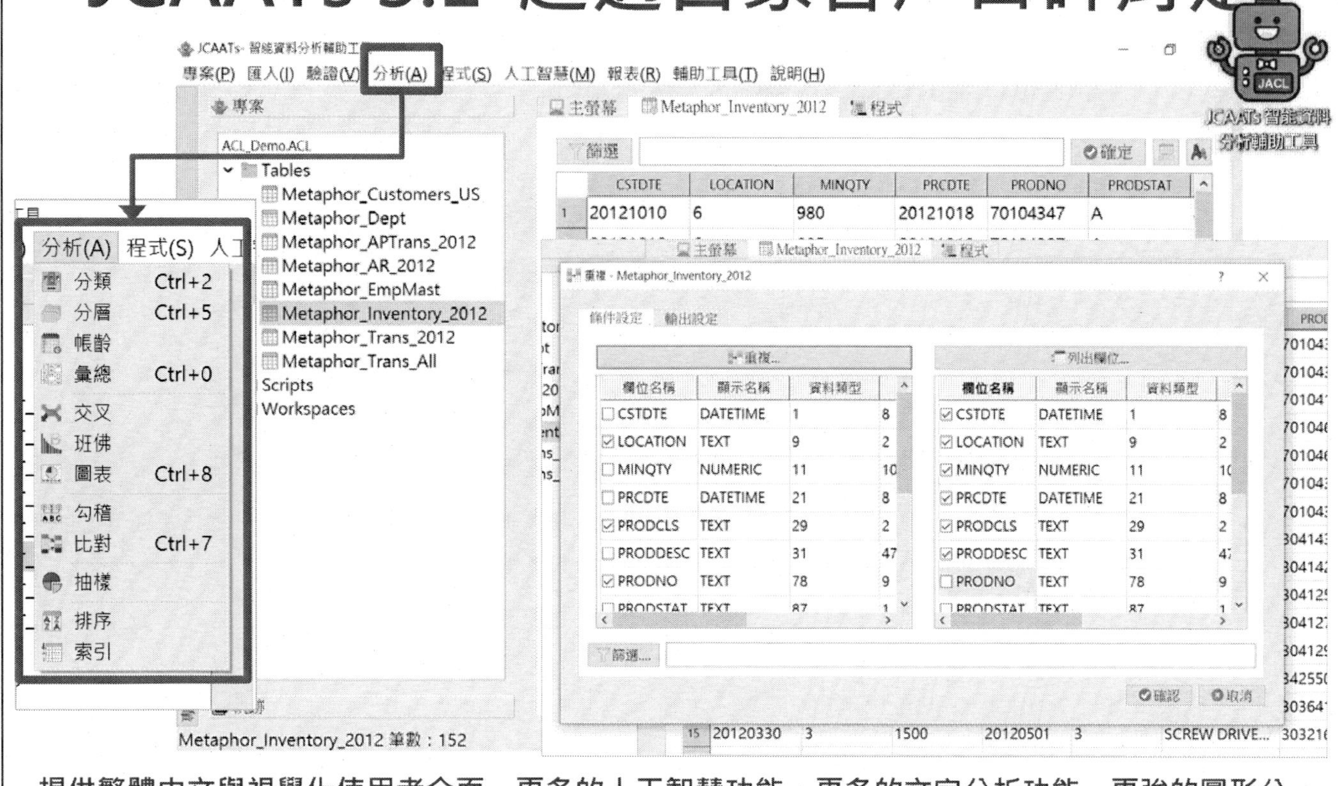

提供繁體中文與視覺化使用者介面，更多的人工智慧功能、更多的文字分析功能、更強的圖形分析顯示功能。目前JCAATs 可以讀入 ACL專案顯示在系統畫面上，進行相關稽核分析，使用最新的JACL 語言來執行，亦可以將專案存入ACL，讓原本ACL 使用這些資料表來進行稽核分析。

智慧化海量資料融合

人工智慧文字探勘功能

稽核機器人自動化功能

人工智慧機器學習功能

JCAATs

使用Python-Based軟體優點

- 運作快速
- 簡單易學
- 開源免費
- 巨大免費程式庫
- 眾多學習資源
- 具備擴充性

Python

- 是一種廣泛使用的直譯式、進階和通用的程式語言。Python支援多種程式設計範式，包括函數式、指令式、結構化、物件導向和反射式程式。它擁有動態型別系統和垃圾回收功能，能夠自動管理記憶體使用，並且其本身擁有一個巨大而廣泛的標準庫。
- Python 語言由Python 軟體基金會 (Python Software Foundation) 所開發與維護，使用OSI-approved open source license 開放程式碼授權，因此可以免費使用
- https://www.python.org/

Python

- 美國 Top 10 Computer Science (電腦科學)系所中便有 8 所採用 Python 作為入門語言。
- 通用型的程式語言
- 相較於其他程式語言，可閱讀性較高，也較為簡潔
- 發展已經一段時間，資源豐富
  - 很多程式設計者提供了自行開發的 library (函式庫)，絕大部分都是開放原始碼，使得 Python 快速發展並廣泛使用在各個領域內。
  - **各種已經寫好的機器學習範本程式很多**
  - 許多資訊人或資料科學家使用，有問題也較好尋求答案

Copyright © 2023 JACKSOFT.

AI人工智慧新稽核生態系

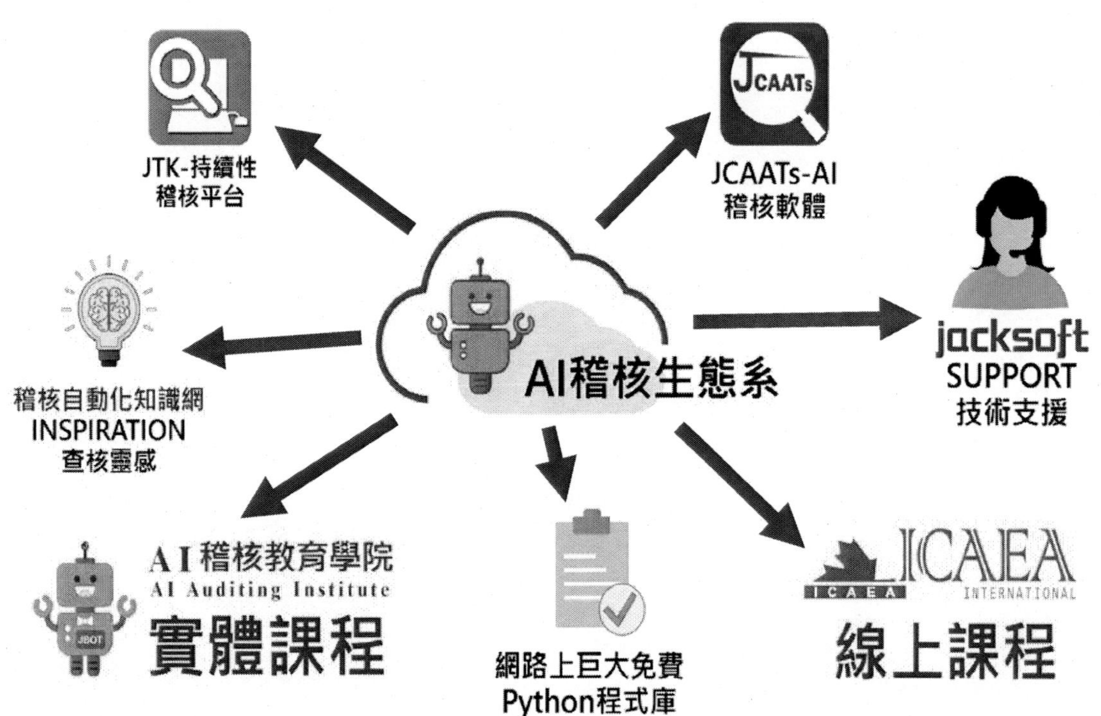

結合數位轉型技術的資料分析趨勢

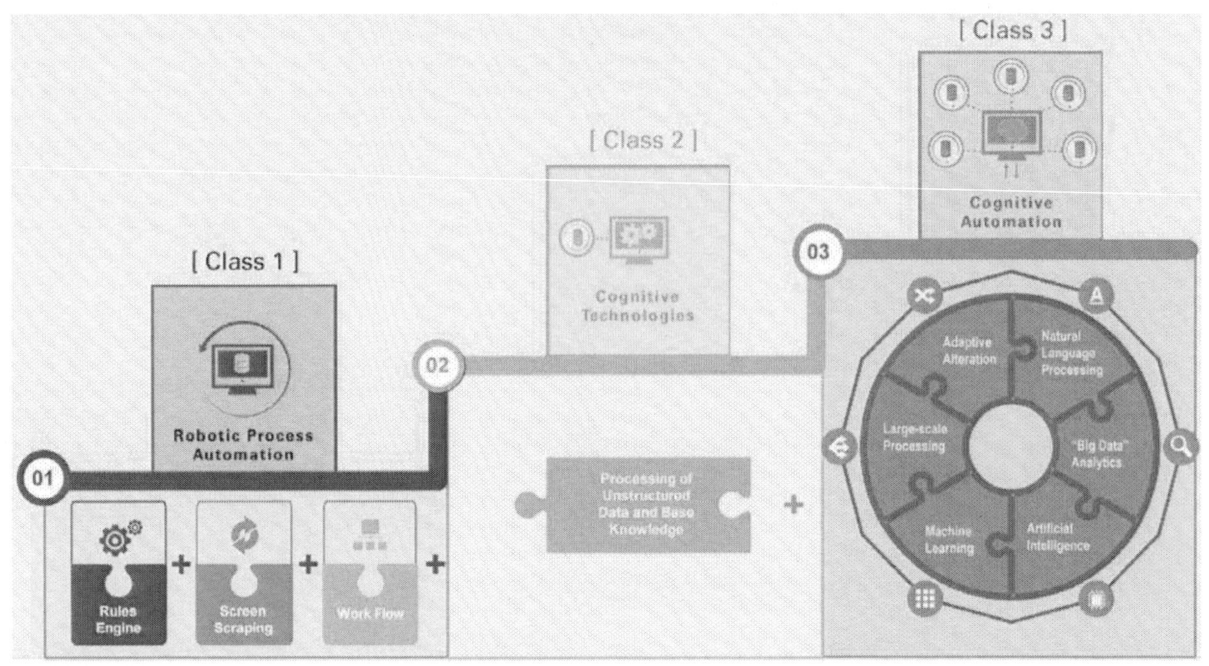

機器人流程自動化
(Robotic Process Automation, RPA)

大數據分析
(Big Data Analytics)
視覺化分析
(Visual Analytics)

機器學習(Machine Learning)
自然語言處理(NLP)
人工智慧(A.I)

JCAATs OPEN DATA匯入方式介紹

1. JCAATs 提供**指定網址資料檔案匯入功能**，使用者需要確認檔案的資料類型。
2. **JCAATs 提供網路爬蟲功能**，可以將使用者指定網址內，所有同類型的檔案一次全部匯入到 JCAATs。
3. 要使用此功能，**需要可以上網連線到該網址**，請先確認網路是否通暢。
4. 由於通常網路上資料量較大，**需要較大的網路頻寬與時間來**下載這些資料。

JCAATs OPEN DATA 匯入類型說明

OPEN DATA連結器有三種匯入類型，分別為：

一.**指定檔案名稱**：指定檔案名稱可選擇透過公開資訊平台複製指定檔案連結網址至JCAATs執行網頁爬蟲匯入，匯入後可依需求進行關鍵字的查核。(教育版)

二.**網頁爬蟲-表格**：網頁表格匯入可選擇網站內容顯示為表格的資料進行匯入，如財經指數即公開資訊即時動大訊息資料。(專業版)

三.**網頁爬蟲-網頁內同類型檔案**：選擇網頁內同類型檔案進行OPEN DATA匯入可同時抓取網頁內相同格式的資料匯入至JCAATs進行查核準備。

(專業版)

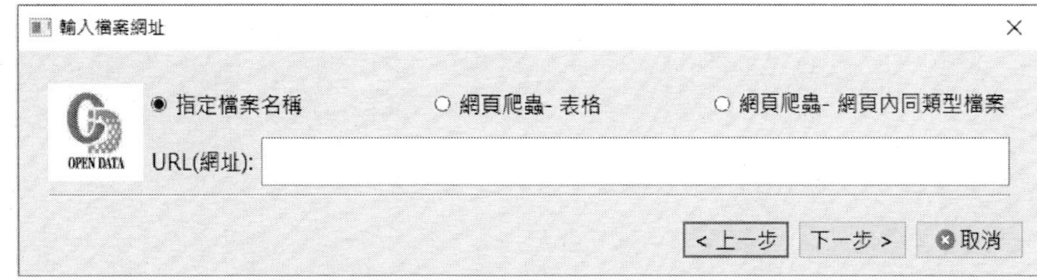

OPEN DATA 匯入基礎功

- STEP 1：開啟OPEN DATA網頁
- STEP 2：查詢所要使用的資料檔
- STEP 3：複製下載連結
- STEP 4：使用OPEN DATA連結器匯入資料

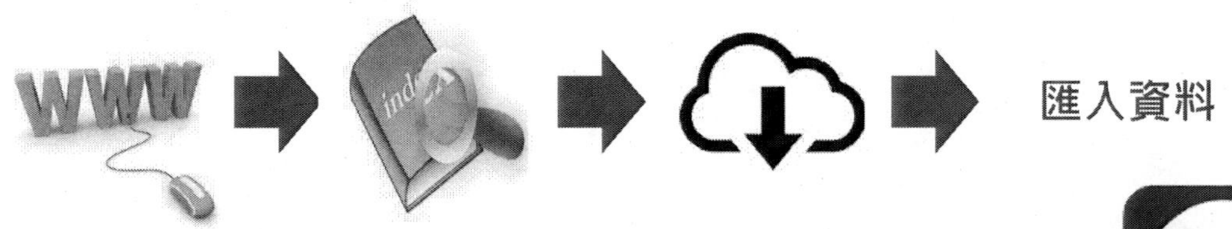

AI Audit Expert

OPEN DATA匯入練習 實例上機演練(一)

XML 檔案匯入 -以洗錢防制OFAC監管與裁制名單 SDN為例

OFAC監管與裁制名單(SDN)

- SDN(Specially Designated Nationals, SDN)
  - 由美國財政部海外資產控制辦公室(Office of Foreign Asset Control, OFAC) 所公佈制裁之黑名單。
  - 其法律效力適用於居住在美國和世界各地的所有美國公民、在美國擁有永久居住權的外國人和美國公司的海外機構。
  - OFAC的管理條例要求美國境內所有的金融機構將自己的客戶名單和這份清單對照，以識別和凍結目標國家、恐怖分子、販毒組織和其他特別指定人員的資產。

- https://home.treasury.gov/policy-issues/financial-sanctions/specially-designated-nationals-list-data-formats-data-schemas

資料來源：http://www.treasury.gov/resource-center/sanctions/SDN-List/Pages/default.aspx

資料下載網址

https://www.treasury.gov/ofac/downloads/sdn.xml

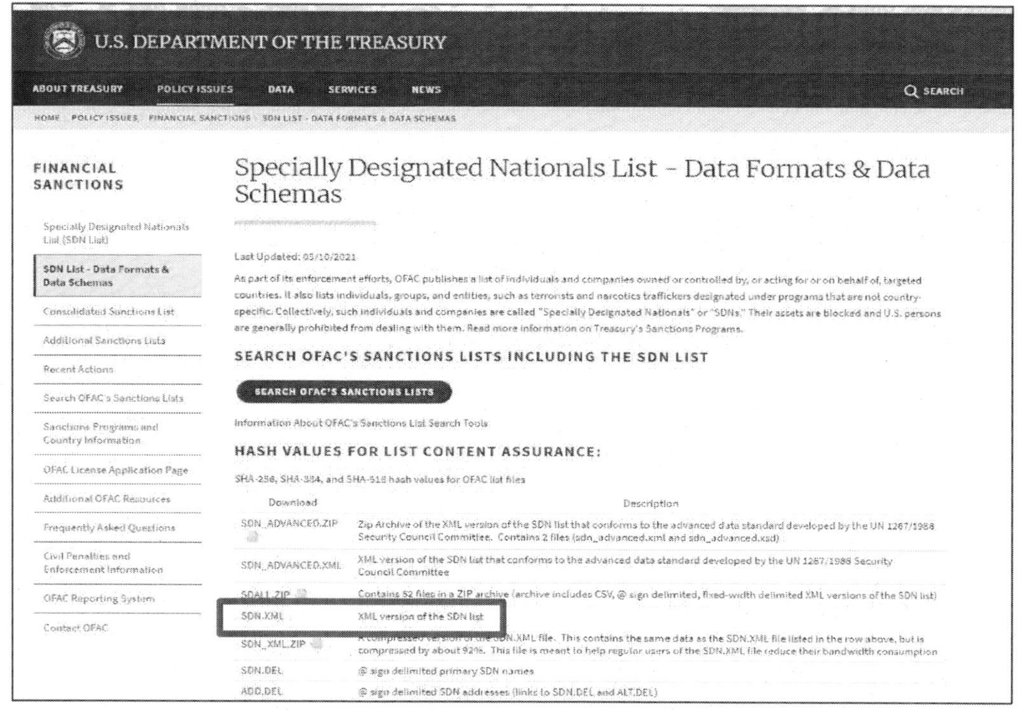

sdn.XML可以記事本檢視


```
▼<sdnList xmlns:xsi="http://www.w3.org/2001/XMLSchema-instance" xmlns="http://tempuri.org/sdnList.xsd">
  ▼<publshInformation>
     <Publish_Date>03/10/2021</Publish_Date>
     <Record_Count>8832</Record_Count>
   </publshInformation>
  ▼<sdnEntry>
     <uid>36</uid>
     <lastName>AEROCARIBBEAN AIRLINES</lastName>
     <sdnType>Entity</sdnType>
    ▼<programList>
       <program>CUBA</program>
     </programList>
    ▼<akaList>
      ▼<aka>
         <uid>12</uid>
         <type>a.k.a.</type>
         <category>strong</category>
         <lastName>AERO-CARIBBEAN</lastName>
       </aka>
     </akaList>
    ▼<addressList>
      ▼<address>
         <uid>25</uid>
         <city>Havana</city>
         <country>Cuba</country>
       </address>
     </addressList>
   </sdnEntry>
  ▼<sdnEntry>
     <uid>173</uid>
     <lastName>ANGLO-CARIBBEAN CO., LTD.</lastName>
     <sdnType>Entity</sdnType>
    ▼<programList>
       <program>CUBA</program>
     </programList>
```

洗錢防制SDN管制名單匯入上機演練：

STEP 1: 建立專案資料夾後，打開JCAATs軟體
STEP 2: 點選新增專案，輸入適當之專案檔名

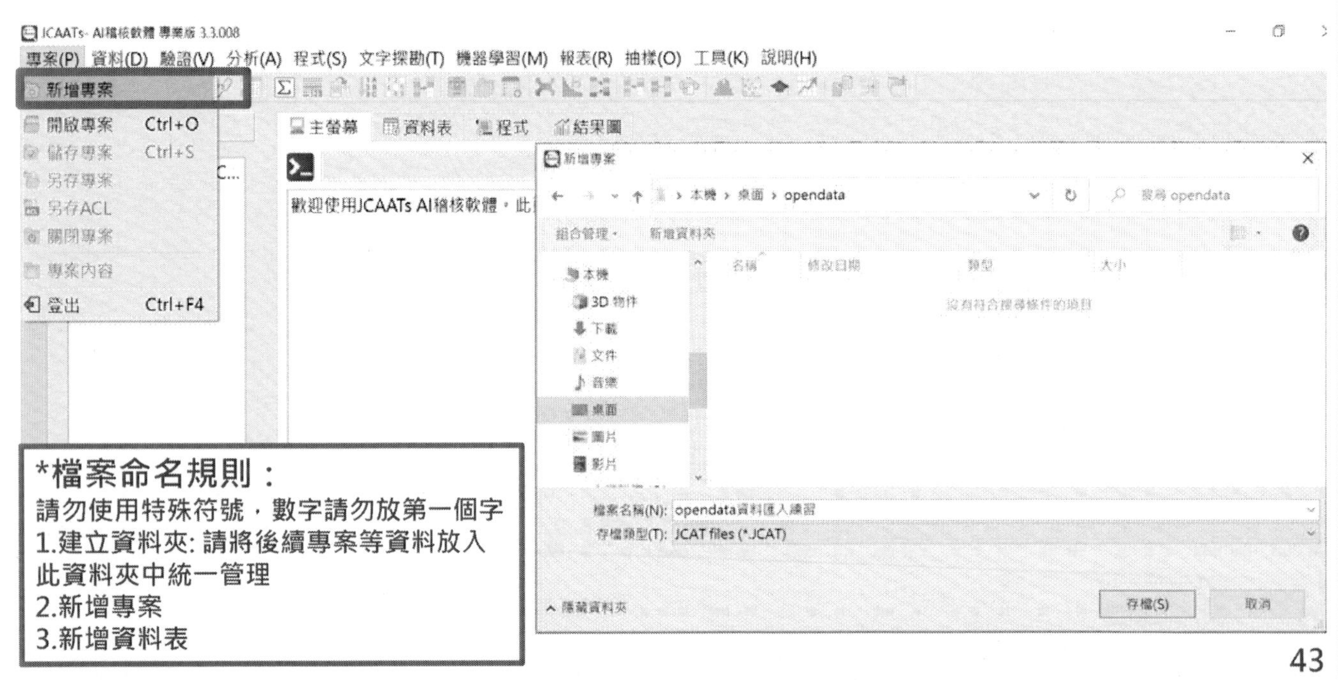

STEP 3:點選資料>新增資料表
STEP 4:點選OPEN DATA連結器

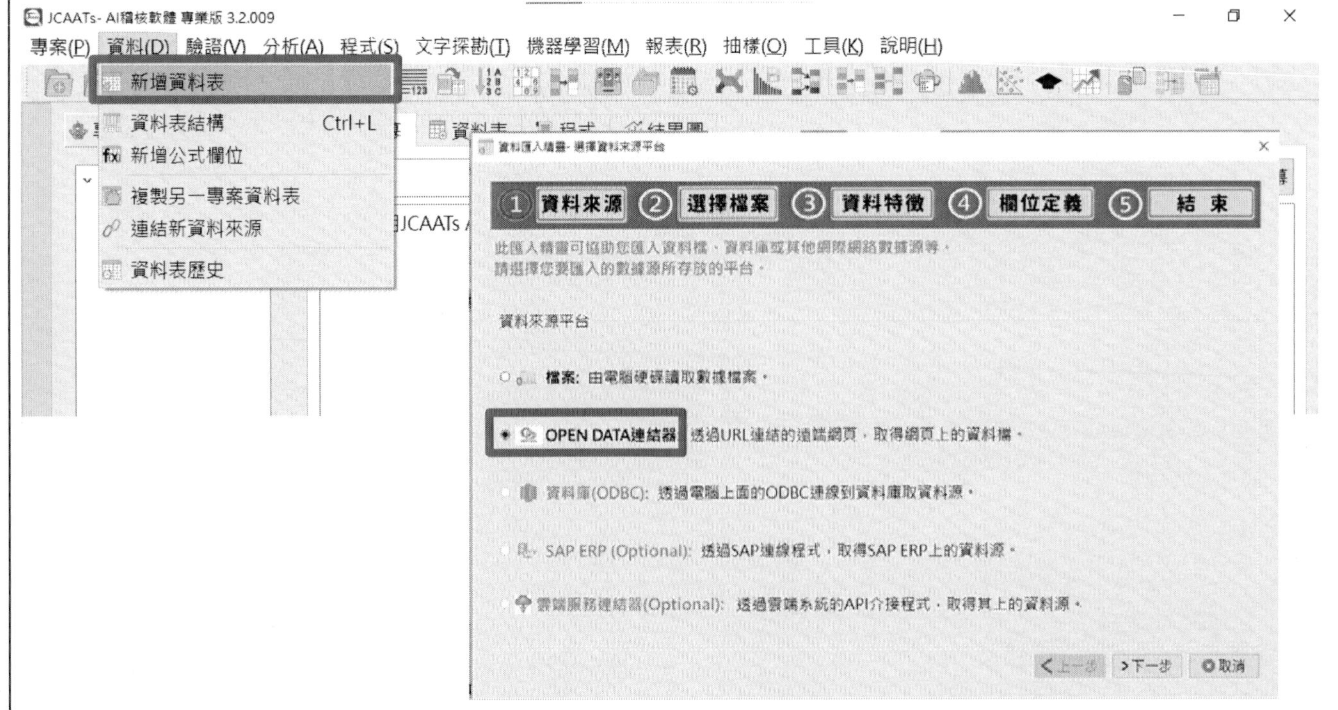

STEP 5：貼上XML檔連結網址
STEP 6：確認資料類型(已自動偵測為XML)

STEP 7：選取所需資料表sdnEntry

STEP 8：依照匯入精靈指引依序完成

資料匯入精靈 - XML結構資料特徵 - XML

資料來源　選擇檔案　資料特徵　欄位定義　結　束

資料匯入精靈 - 編輯資料欄位 - XML

資料來源　選擇檔案　資料特徵　④ 欄位定義　⑤ 結　束

資料匯入精靈 - 新增資料表完成 - XML

資料來源　選擇檔案　資料特徵　欄位定義　⑤ 結　束

本階段為最後確認資料表儲存資訊。
您可以選擇檔案、確認資料檔存檔路徑與資料表名稱。

資料表結構

檔案名稱: sdnEntry　資料來源: endata/JCAATS工作坊_opendata/sdn.xml

資料名稱: SDN　欄位數: 15

資料檔路徑　C:/Users/una/Desktop/opendata/JCAATS工作坊_opendata/

欄位名稱	顯示名稱	資料類型	欄位型態	開始位置	長度	小數點
uid	uid	TEXT	DATA	0	8	
lastName	lastName	TEXT	DATA	8	154	
sdnType	sdnType	TEXT	DATA	162	20	
programList	programList	TEXT	DATA	182	12	
akaList	akaList	TEXT	DATA	194	12	

上一步　完成　取消

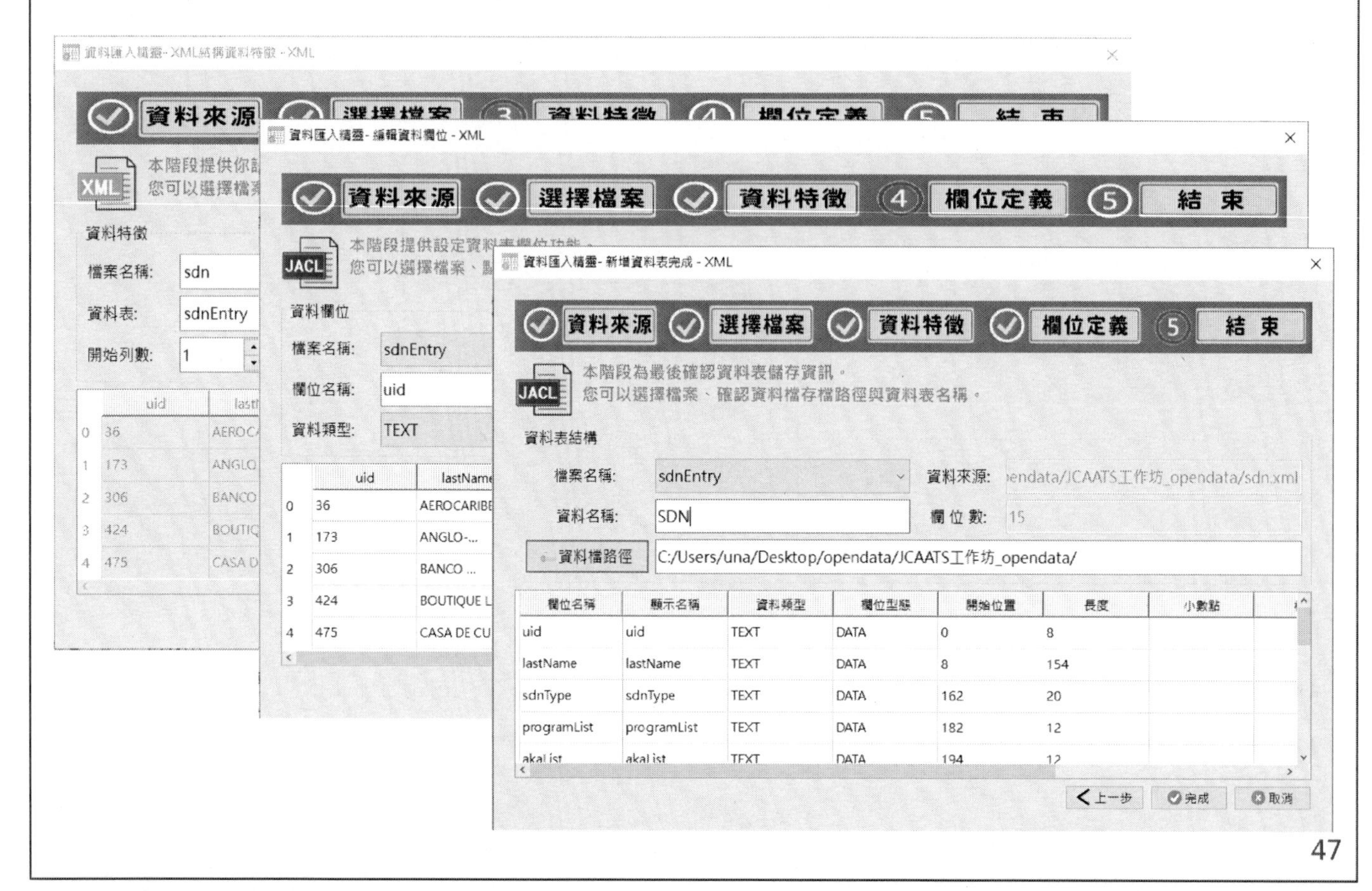

洗錢防制SDN管制名單匯入結果

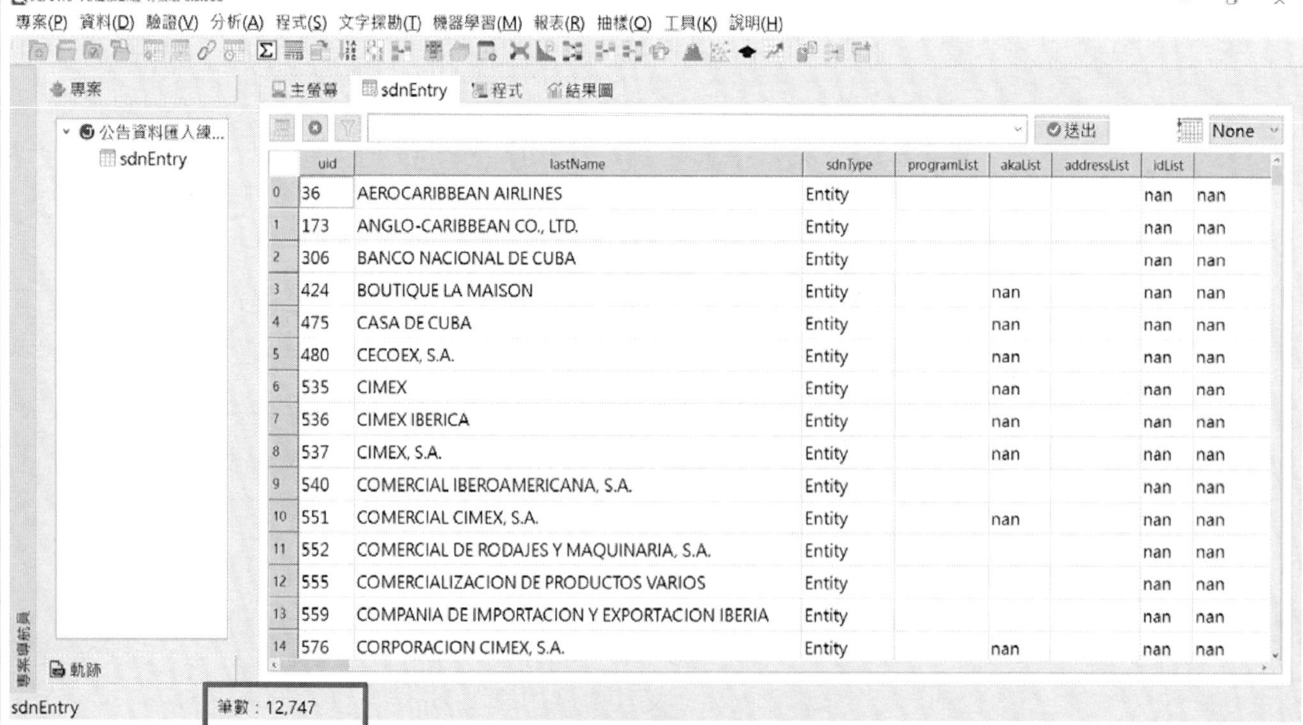

	uid	lastName	sdnType	programList	akaList	addressList	idList	
0	36	AEROCARIBBEAN AIRLINES	Entity				nan	nan
1	173	ANGLO-CARIBBEAN CO., LTD.	Entity				nan	nan
2	306	BANCO NACIONAL DE CUBA	Entity				nan	nan
3	424	BOUTIQUE LA MAISON	Entity		nan		nan	nan
4	475	CASA DE CUBA	Entity		nan		nan	nan
5	480	CECOEX, S.A.	Entity		nan		nan	nan
6	535	CIMEX	Entity		nan		nan	nan
7	536	CIMEX IBERICA	Entity		nan		nan	nan
8	537	CIMEX, S.A.	Entity		nan		nan	nan
9	540	COMERCIAL IBEROAMERICANA, S.A.	Entity				nan	nan
10	551	COMERCIAL CIMEX, S.A.	Entity		nan		nan	nan
11	552	COMERCIAL DE RODAJES Y MAQUINARIA, S.A.	Entity				nan	nan
12	555	COMERCIALIZACION DE PRODUCTOS VARIOS	Entity				nan	nan
13	559	COMPANIA DE IMPORTACION Y EXPORTACION IBERIA	Entity				nan	nan
14	576	CORPORACION CIMEX, S.A.	Entity		nan		nan	nan

以上資料筆數會因為不同時間有所改變

AI Audit Expert

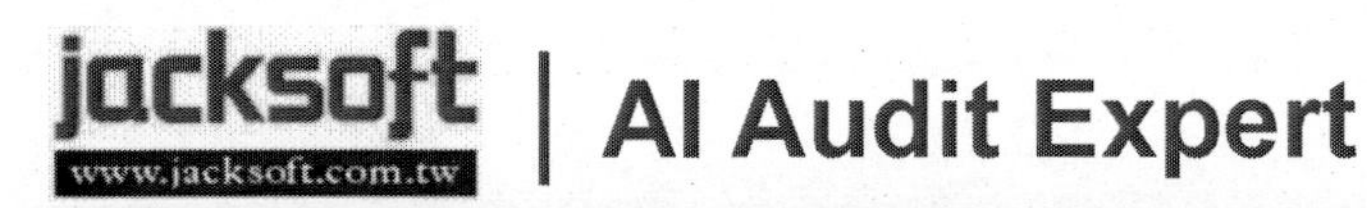

JSON 檔案匯入
-以國內公開發行公司股票發行概況分析為例

台灣政府資料開放平台
https://data.gov.tw/

政府資料開放平臺
DATA.GOV.TW

網站導覽 EN 客服小幫手 線上客服 會員登入

資料集 資料故事館 互動專區 消息專區 諮詢小組 授權條款 關於平臺

請輸入關鍵字 進階搜尋 重設

熱門關鍵字：口罩、藥局、郵局

資料集服務分類

生育保健 出生及收養 求學及進修 服兵役 求職及就業 開創事業

婚姻 投資理財 休閒旅遊 交通及通訊 就醫 購屋及遷徙

台灣政府資料開放平台 投資理財資料集

共 1746 項 ‹ 1 2 3 4 5 ... 175 › 前往 1 頁

搜尋公開發行公司股票發行

data.gov.tw/datasets/search?p=1&size=10&s=pubdate.date_desc&rft=公開發行公司股票發行

政府資料開放平臺
DATA.GOV.TW

網站導覽 EN 客服小幫手 線上客服 會員登入

::: 資料集 高應用價值主題專區 資料故事館 互動專區 消息專區 諮詢小組 授權條款 關於平臺

資料集列表 | Datasets

公開發行公司股票發行 進階搜尋 重設

搜尋紀錄

搜尋 重設

中央機關

行政院(2)

地方機關

暫無資料

常用主題

政府統計(1)

服務分類

投資理財(2)

排序： 上架日期新至舊 10項/頁

搜尋結果匯出

公開發行公司股票發行概況統計表_New

CSV

公開發行上市、上櫃公司股票發行家數、資本額、市值、面值等概況統計表

主要欄位說明: 年月、上市家數、上市資本額_十億元、上市成長率、上市面值_十億元、上市市值_十億元、上櫃家數、上櫃資本額_十億元、上櫃成長率、上櫃面值_十億元、上櫃市值_十億元 (...詳內)

資料集屬性: 開放資料

金融監督管理委員會 2023-05-29 10:39:45 更新 5043 1405 0

國內公開發行公司股票每月發行概況

CSV JSON WEBSERVICES

提供每月底國內公開發行公司股票發行概況

主要欄位說明: 月別、上市公司-家數、上市公司-資本額（金額）、上市公司-成長率、上市公司-上市面值（金額）、上市公司-上市公司市值（金額）、上櫃公司-家數、上櫃公司-資本額（(...詳內)

資料集屬性: 開放資料

勞動部勞動基金運用局 2023-07-05 14:17:04 更新 2737 982 0

點選要分析的Open Data

檢視JSON檔
國內公開發行公司股票每月發行概況

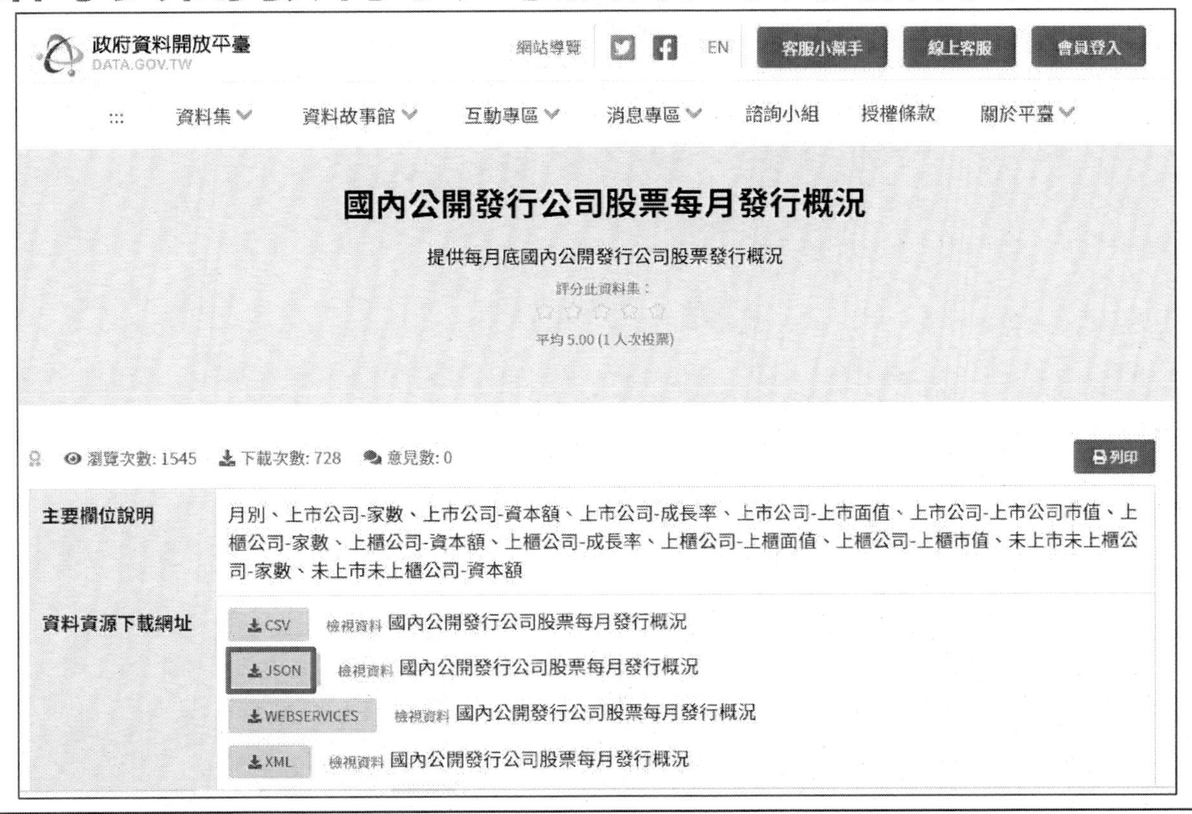

複製所需連結網址

檢視資料 ×

資料資源欄位	月別、上市公司-家數、上市公司-資本額（金額）、上市公司-成長率、上市公司-上市面值（金額）、上市公司-上市公司市值（金額）、上櫃公司-家數、上櫃公司-資本額（金額）、上櫃公司-成長率、上櫃公司-上櫃面值（金額）、上櫃公司-上櫃市值（金額）、未上市未上櫃公司-家數、未上市未上櫃公司-資本額（金額）
檔案格式	JSON
編碼格式	UTF-8
資料量	0
資料下載網址	https://apiservice.mol.gov.tw/OdService/download/A17030000J-000047-DnD
資料資源描述	國內公開發行公司股票每月發行概況
資料資源品質檢測時間	2023-07-05 14:29:32
資料資源備註欄位	
下載用途說明	如願協助本平臺精進，可協助填寫下載用途說明，感謝您的幫忙，本項統計僅供 商業用途 學術研究 統計分析 程式開發 其
多元格式參考資料	以下連結為本平臺協助提供多元格式參考資料 (轉檔時間：2023-07-05 14:29:32)，非即時資料，完整資料請以機關 原始連結 為主。

在新分頁中開啟連結
在新視窗中開啟連結
在無痕式視窗中開啟連結
另存連結為...
複製連結網址
檢查

STEP 1: 資料->新增資料表
STEP 2: 選擇OPEN DATA連結器
STEP 3:於指定檔案名稱處貼入連結

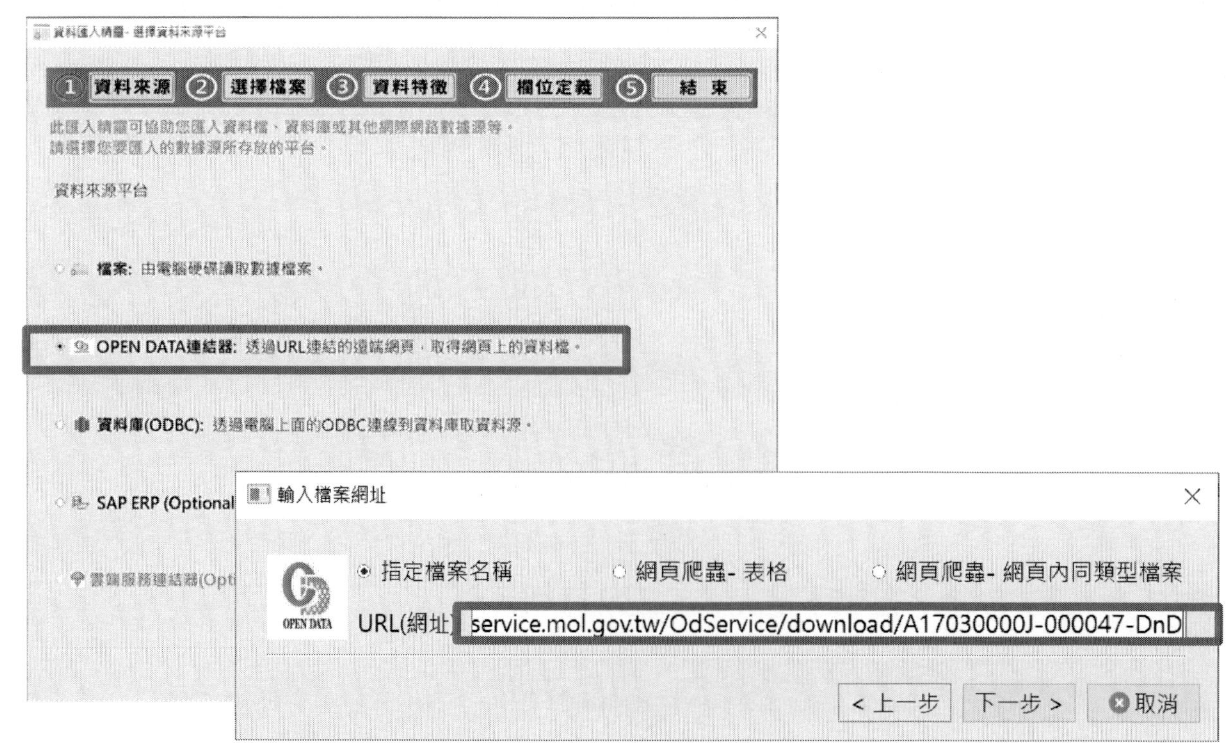

STEP4:自動偵測檔案為JSON 格式

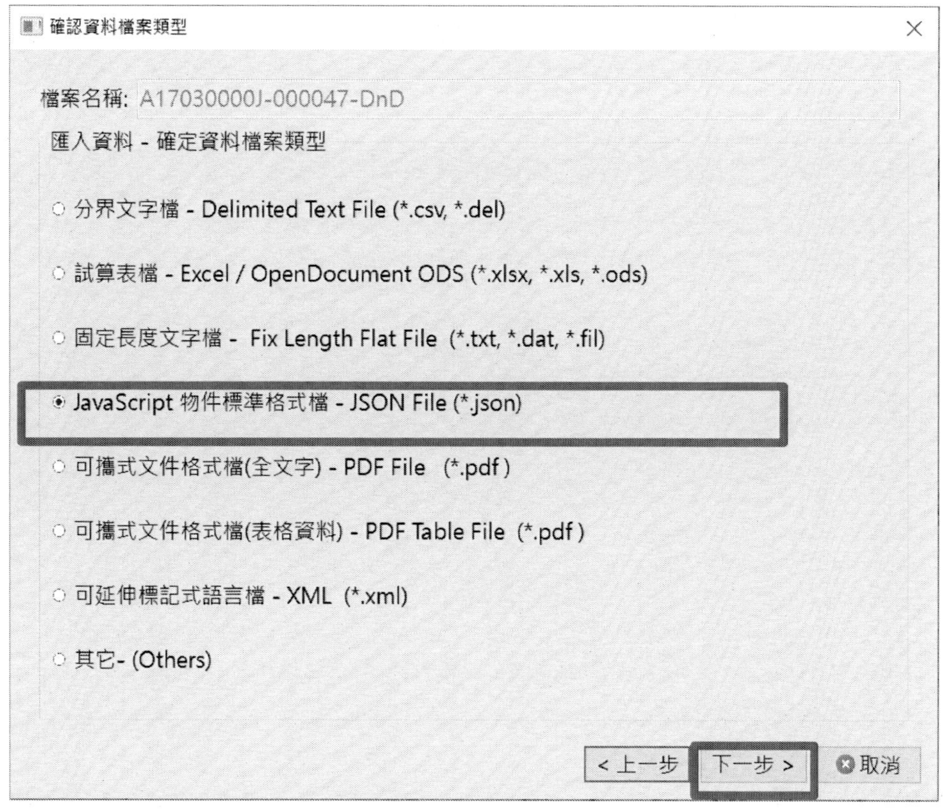

STEP 5:資料特徵與欄位定義

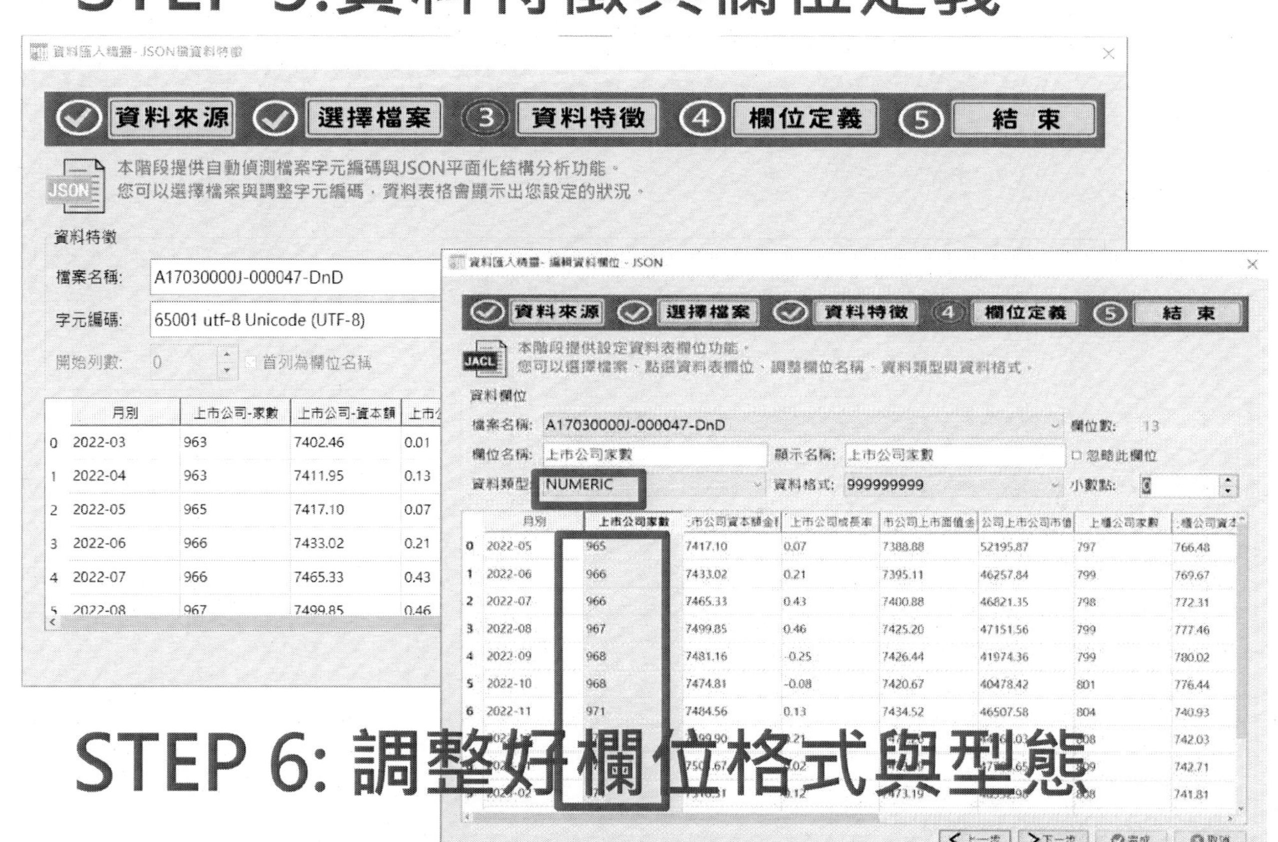

	月別	上市公司-家數	上市公司-資本額
0	2022-03	963	7402.46
1	2022-04	963	7411.95
2	2022-05	965	7417.10
3	2022-06	966	7433.02
4	2022-07	966	7465.33
5	2022-08	967	7499.85

STEP 6: 調整好欄位格式與型態

STEP 7:設定資料名稱與確認資料檔路徑無誤後點選完成

欄位名稱	顯示名稱	資料類型	欄位型態	開始位置	長度	小數點	格式	初始值	條(
月別	月別	TEXT	DATA	0	14				N
上市公司-家數	上市公司-家數	NUMERIC	DATA	14	6	0	999999999		N
上市公司-資本額	上市公司-資本額	NUMERIC	DATA	20	14	2	999999999		N
上市公司-成長率	上市公司-成長率	NUMERIC	DATA	34	10	2	999999999		N
上市公司-上市...	上市公司-上市...	NUMERIC	DATA	44	14	2	999999999		N
上市公司-上市...	上市公司-上市...	NUMERIC	DATA	58	16	2	999999999		N

STEP 8 匯入執行結果-國內公開發行公司股票每月發行概況檔

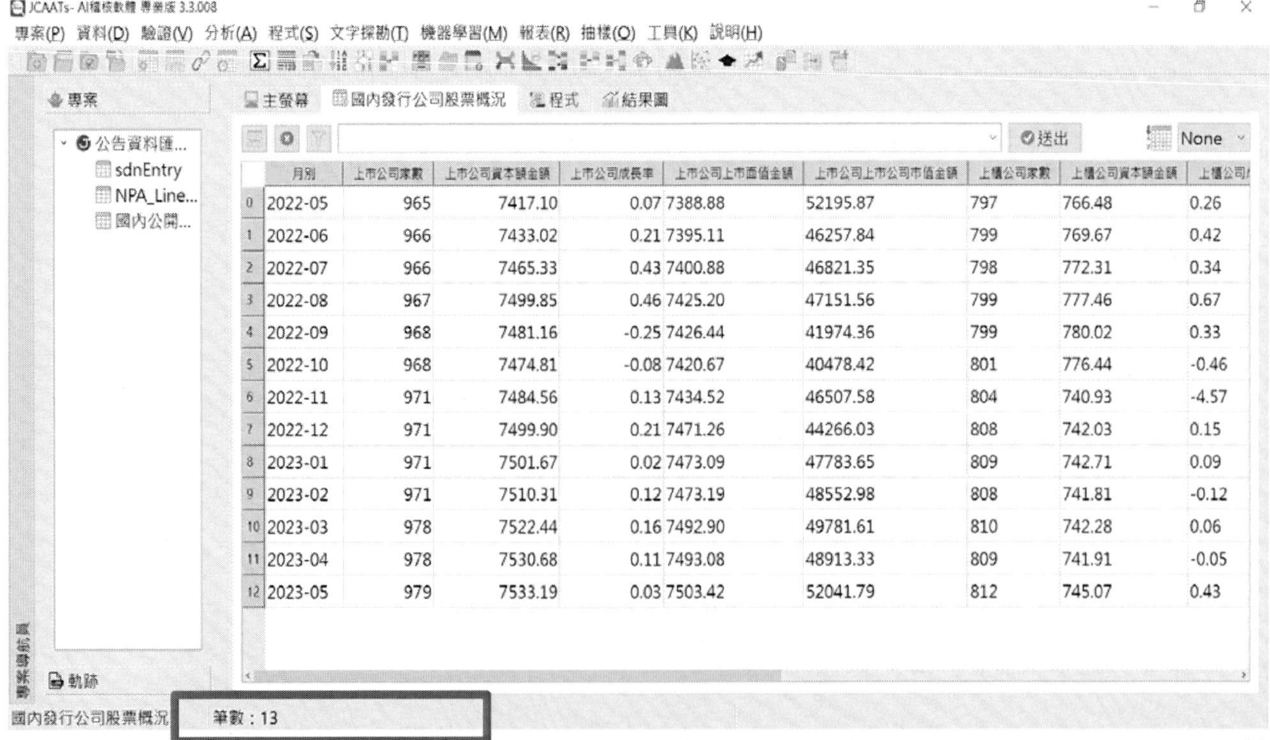

	月別	上市公司家數	上市公司資本額金額	上市公司成長率	上市公司上市面值金額	上市公司上市公司市值金額	上櫃公司家數	上櫃公司資本額金額	上櫃公司
0	2022-05	965	7417.10	0.07	7388.88	52195.87	797	766.48	0.26
1	2022-06	966	7433.02	0.21	7395.11	46257.84	799	769.67	0.42
2	2022-07	966	7465.33	0.43	7400.88	46821.35	798	772.31	0.34
3	2022-08	967	7499.85	0.46	7425.20	47151.56	799	777.46	0.67
4	2022-09	968	7481.16	-0.25	7426.44	41974.36	799	780.02	0.33
5	2022-10	968	7474.81	-0.08	7420.67	40478.42	801	776.44	-0.46
6	2022-11	971	7484.56	0.13	7434.52	46507.58	804	740.93	-4.57
7	2022-12	971	7499.90	0.21	7471.26	44266.03	808	742.03	0.15
8	2023-01	971	7501.67	0.02	7473.09	47783.65	809	742.71	0.09
9	2023-02	971	7510.31	0.12	7473.19	48552.98	808	741.81	-0.12
10	2023-03	978	7522.44	0.16	7492.90	49781.61	810	742.28	0.06
11	2023-04	978	7530.68	0.11	7493.08	48913.33	809	741.91	-0.05
12	2023-05	979	7533.19	0.03	7503.42	52041.79	812	745.07	0.43

資料結果圖檢視與資料探索

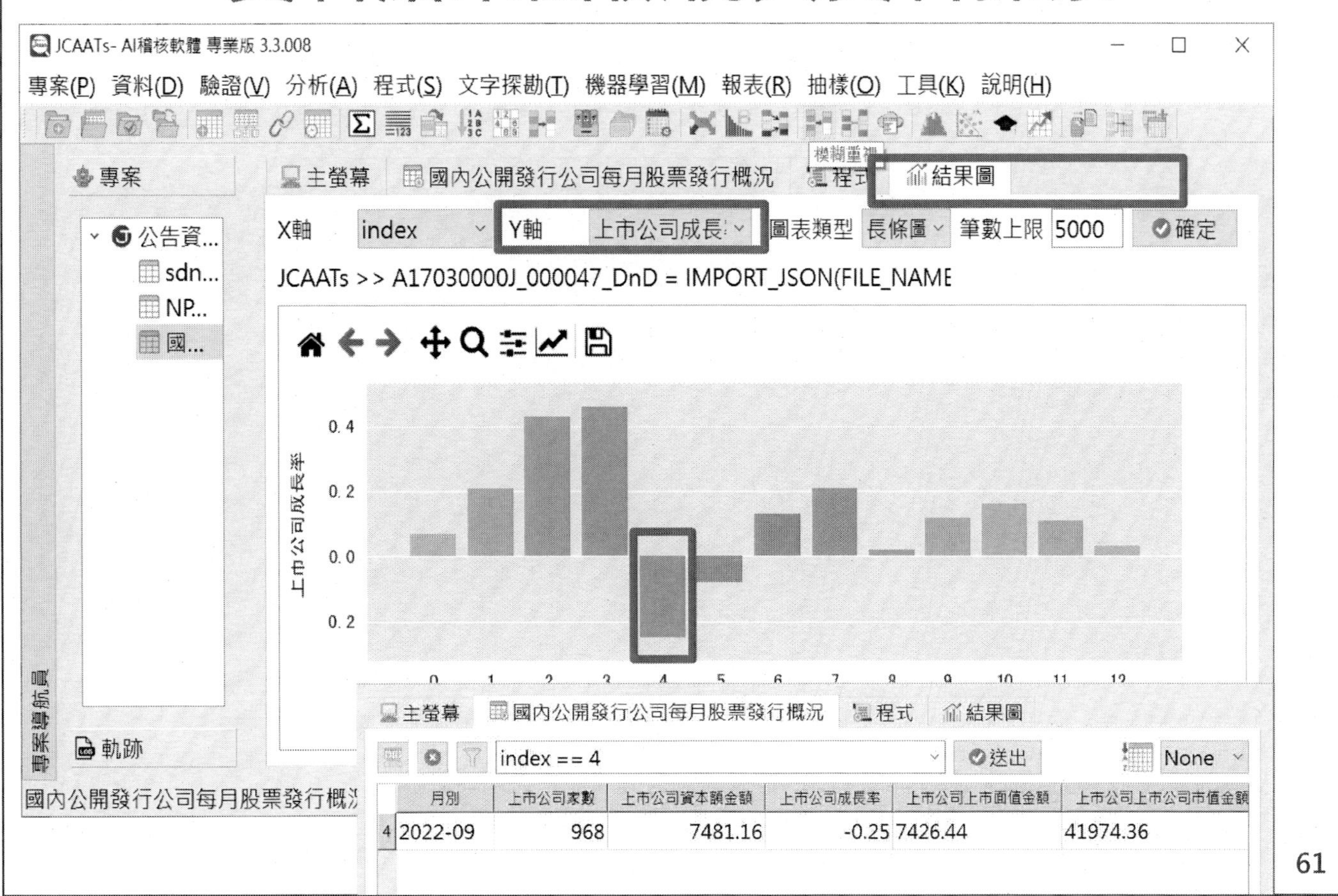

JCAATs- AI稽核軟體 專業版 3.3.008

專案(P) 資料(D) 驗證(V) 分析(A) 程式(S) 文字探勘(T) 機器學習(M) 報表(R) 抽樣(O) 工具(K) 說明(H)

主螢幕 | 國內公開發行公司每月股票發行概況 | 程式 | 結果圖

X軸 index　Y軸 上市公司成長率　圖表類型 長條圖　筆數上限 5000　確定

JCAATs >> A17030000J_000047_DnD = IMPORT_JSON(FILE_NAME

index == 4　送出

	月別	上市公司家數	上市公司資本額金額	上市公司成長率	上市公司上市面值金額	上市公司上市公司市值金額
4	2022-09	968	7481.16	-0.25	7426.44	41974.36

AI Audit Expert

OPEN DATA資料匯入 實例上機演練(三)

XLS 檔案匯入
-以政府採購網公告拒往名單為例

政府採購網公告拒往名單

https://web.pcc.gov.tw/pis/prac/downloadGroupClient/read
DownloadGroupClient?id=50003004

新增資料表-STEP1:資料表來源

- 點「資料>新增資料表」
- 選擇資料來源平台為「OPEN DATA 連結器」
- 選擇下一步

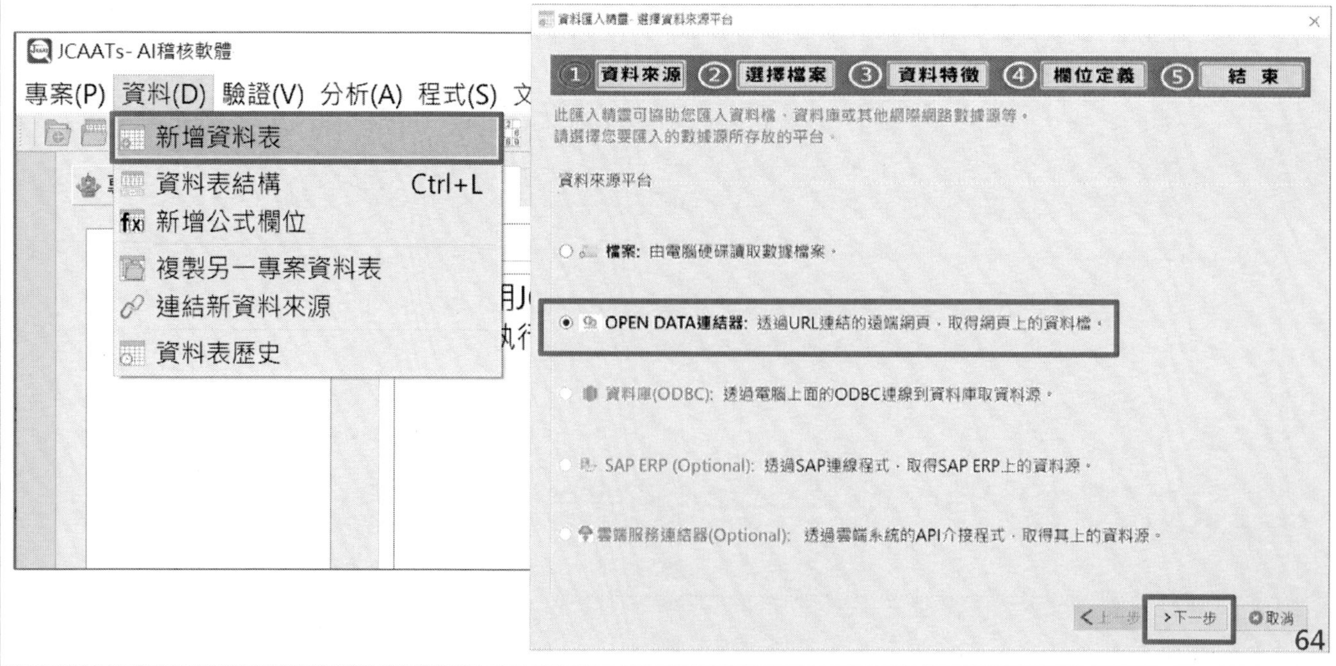

將複製連結網址貼入指定檔案名稱處

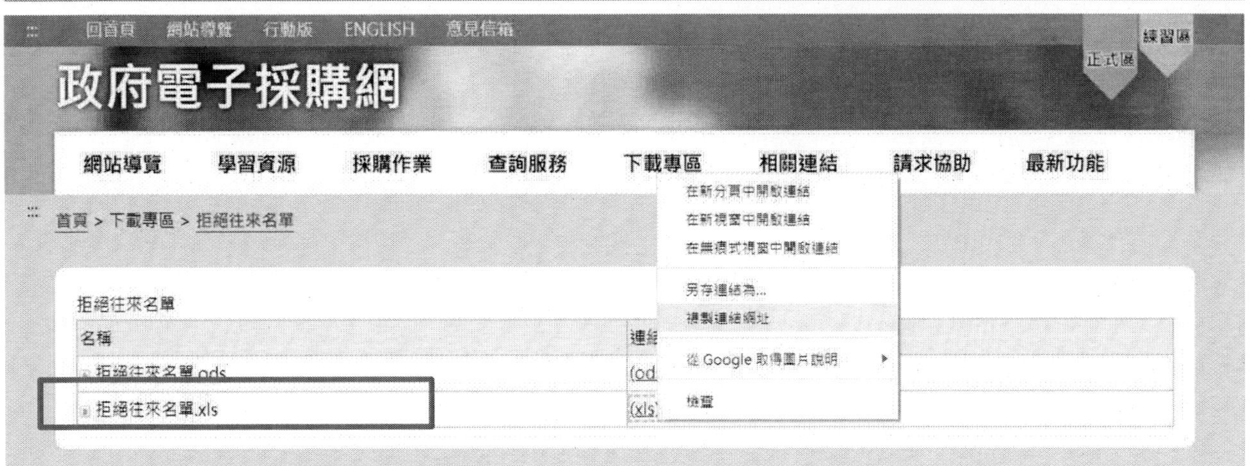

資料來源：政府電子採購網，https://web.pcc.gov.tw/pis/

確認匯入資料檔案類型

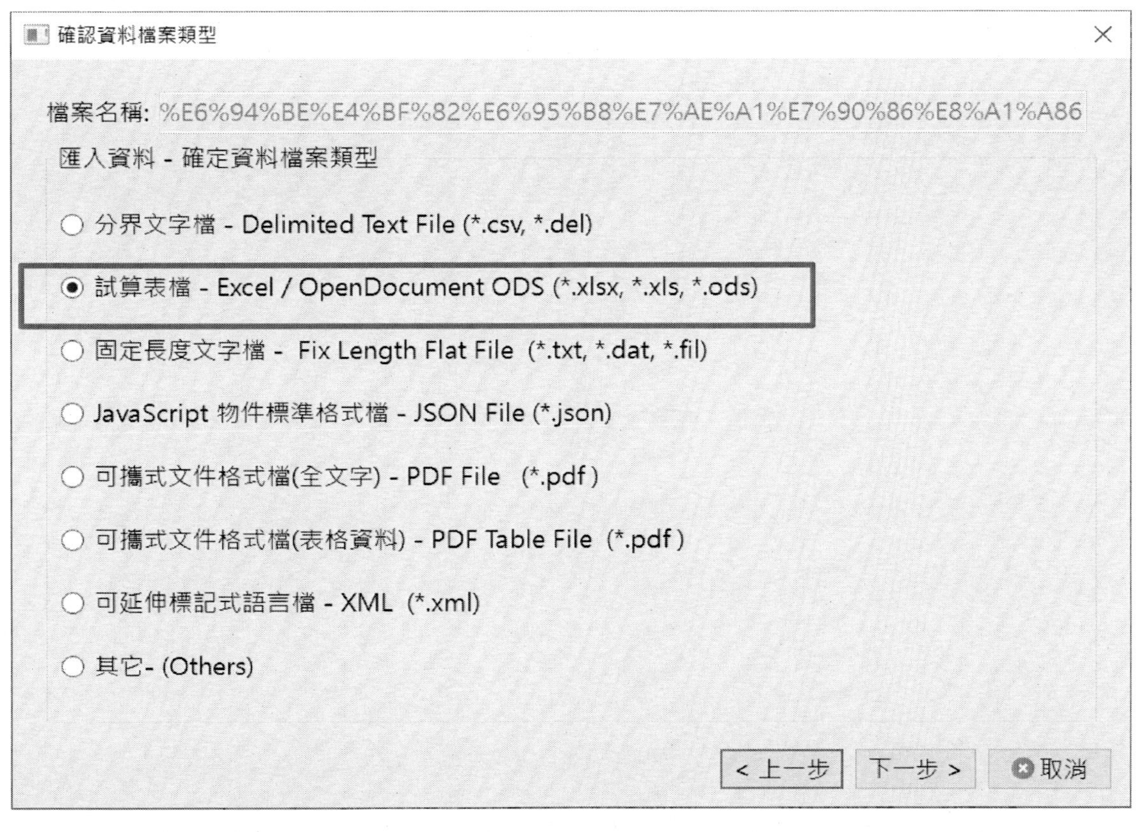

STEP2:選擇檔案: 拒絕往來廠商名單公告

STEP3:辨識資料特徵

資料特徵：設定開始列數為1 ，新內容會顯示於下方。
設定完畢後點選「下一步」

	廠商代碼	標案案號	廠商名稱	廠商地址	廠商國別	刊登機關代碼	刊登機關名稱	機關地址	聯絡人
1	14211890	109A031	鈺和興煤氣行	苗栗縣公館鄉福...	中華民國...	3.76.45.58	苗栗縣大湖鄉公...	苗栗縣大湖鄉明...	胡鈺瑞
2	45793717	109A031	大友瓦斯行	苗栗縣苗栗市文...	中華民國...	3.76.45.58	苗栗縣大湖鄉公...	苗栗縣大湖鄉明...	胡鈺瑞
3	12703770	109A031	港聯瓦斯有限公...	臺中市沙鹿區福...	中華民國...	3.76.45.58	苗栗縣大湖鄉公...	苗栗縣大湖鄉明...	胡鈺瑞
4	56261815	109A031	順安煤氣行	臺中市梧棲區文...	中華民國...	3.76.45.58	苗栗縣大湖鄉公...	苗栗縣大湖鄉明...	胡鈺瑞
5	45452817	109A031	農興瓦斯行	苗栗縣頭份市珊...	中華民國...	3.76.45.58	苗栗縣大湖鄉公...	苗栗縣大湖鄉明...	胡鈺瑞
6	64894188	wat109099				3.95.25			

Setp4: 設定欄位定義

欄位定義：可設定每個欄位的欄位名稱、顯示名稱、資料類型與資料格式。
當資料不乾淨時，建議先全部選文字資料類型，然後選擇「下一步」

STEP5: 確認存檔資料表名稱與路徑

依資料匯入精靈引導逐步完成後，選擇「完成」

政府公告拒往名單匯入結果

JCAATs - AI稽核軟體 專業版 3.3.008
專案(P) 資料(D) 驗證(V) 分析(A) 程式(S) 文字探勘(T) 機器學習(M) 報表(R) 抽樣(Q) 工具(K) 說明(H)
專案
拒往廠商異常查核.JCAT
拒絕往來廠商名單公...
分類_拒往負責人
公告拒往廠商異常負...
軌跡
主螢幕
拒絕往來廠商名單公告
程式
結果圖
送出
None
廠商代碼 | 標案案號 | 廠商名稱 | 廠商地址 | 廠商國別 | 刊登機關代碼 | 刊登機關名稱 | 機關地址 | 聯絡人
0 29030242 L0209S10... 碁暉股份有... 高雄市前鎮... 中華民國... 3.15.18 交通部臺灣... 臺北市中正... 李恒榮
1 86920245 L0209S10... 興璋工程股... 高雄市三民... 中華民國... 3.15.18 交通部臺灣... 臺北市中正... 李恒榮
2 54637990 PH12027P... 羽恬企業有... 高雄市仁武... 中華民國... 3.5.48 國防部海軍... 臺北市中山... 黃威凱
3 12876786 LCD02300... 順霆消防股... 臺北市松山... 中華民國... 3.13.50.49.5 台灣中油股... 苗栗縣苗栗... 鍾惠如
4 80268079 LCD02300... 禾群科技工... 臺北市中山... 中華民國... 3.13.50.49.5 台灣中油股... 苗栗縣苗栗... 鍾惠如
5 53183041 LCD02300... 正淵科技有... 新北市板橋... 中華民國... 3.13.50.49.5 台灣中油股... 苗栗縣苗栗... 鍾惠如
6 12830142 L950908 圳德工程顧... 南投縣草屯... 中華民國... 3.9.33 國立彰化師... 彰化縣彰化... 黃睦軒
7 25555759 10701 翔龍書報社 臺北市中山... 中華民國... 3.79.39 臺北市中山... 臺北市中山... 柯雯潔
8 59127644 PH12007P... 楚寶企業有... 高雄市仁武... 中華民國... 3.5.48 國防部海軍... 宜蘭縣蘇澳... 元嘉琪
9 24982328 11009 雄貿工程有... 高雄市新興... 中華民國... 3.92.5.6 國立關山高... 臺東縣關山... 林奕伯
10 13139409 L0210P11... 聯宏資通股... 臺北市信義... 中華民國... 3.15.18 交通部臺灣... 臺北市中正... 林佳柔
11 98885139 Daan10704 訊達派報社 臺北市大同... 中華民國... 3.79.31 臺北市大安... 臺北市大安... 葉小姐
12 25555759 Daan10704 翔龍書報社 臺北市中山... 中華民國... 3.79.31 臺北市大安... 臺北市大安... 葉小姐
13 42504904 Daan10704 董董書報社 臺北市南港... 中華民國... 3.79.31 臺北市大安... 臺北市大安... 葉小姐
14 53288811 1110620-C5 鎵城工程有... 桃園市龍潭... 中華民國... 3.82.5.71 新北市立平... 新北市平溪... 李鈞維
拒絕往來廠商名單公告 筆數：1,388

以上資料筆數會因為不同時間有所改變

AI Audit Expert

分類: 選擇廠商負責人為關鍵欄位 存檔後進行深入分析

拒往廠商負責人分析查核

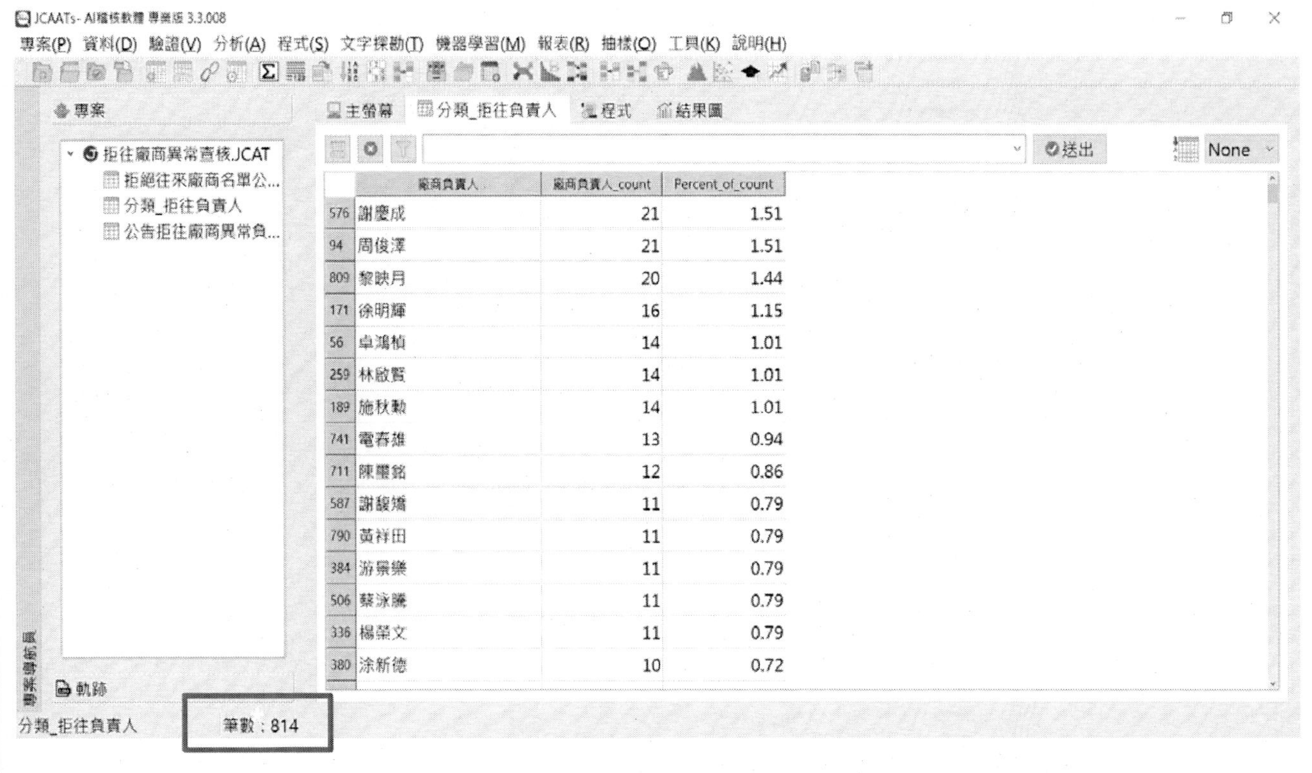

圖形化快速標示異常資料

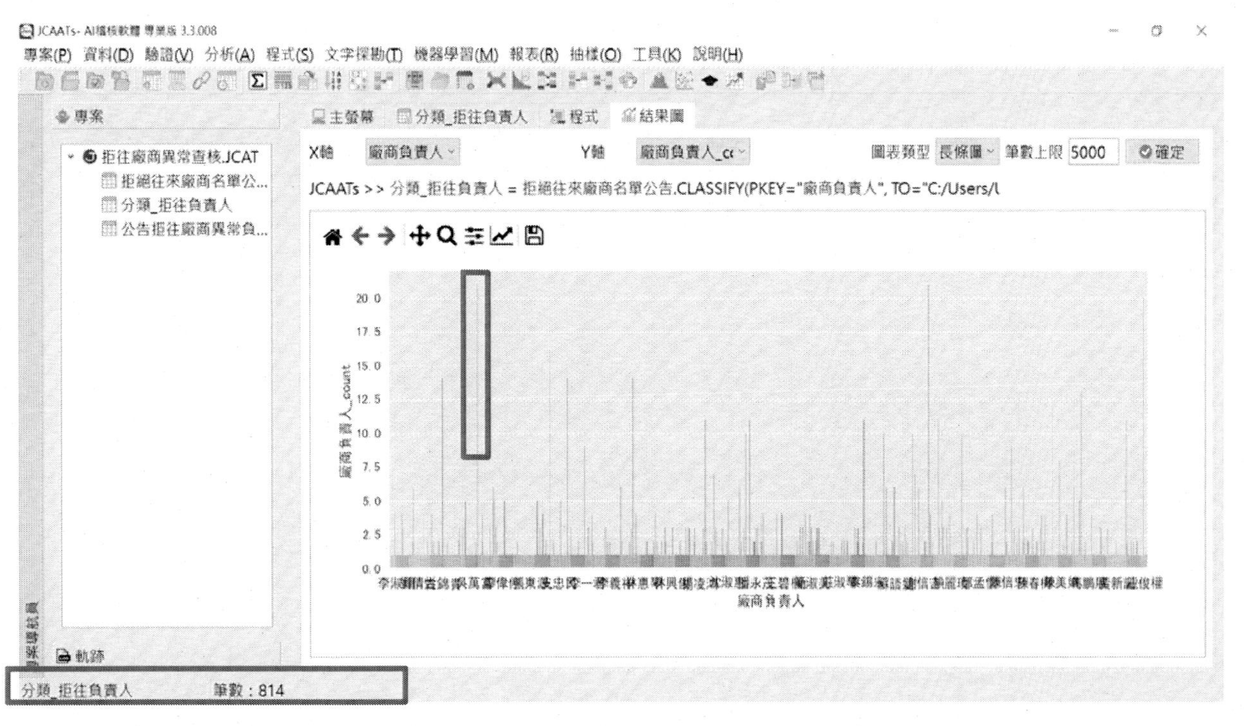

往下鑽探Drill Down

	廠商代碼	標案案號	廠商名稱	廠商地址	廠商國別	刊登機關代碼	刊登機關名稱	機關地址
306	81195223	U8F97I016X	毓斌實業有限...	高雄市新興...	中華民國...	3.13.50	台灣中油股...	臺北市信義
310	81195223	I8L98S006S	毓斌實業有限...	高雄市新興...	中華民國...	3.13.50	台灣中油股...	臺北市信義
324	81195223	U9A97R088H	毓斌實業有限...	高雄市新興...	中華民國...	3.13.50	台灣中油股...	臺北市信義
467	81195223	Q6I00B071	毓斌實業有限...	高雄市新興...	中華民國...	3.13.50	台灣中油股...	高雄市楠梓
468	81195223	Q6I00B185	毓斌實業有限...	高雄市新興...	中華民國...	3.13.50	台灣中油股...	高雄市楠梓
469	81195223	Q6I02B041	毓斌實業有限...	高雄市新興...	中華民國...	3.13.50	台灣中油股...	高雄市楠梓
470	81195223	Q6I00B101	毓斌實業有限...	高雄市新興...	中華民國...	3.13.50	台灣中油股...	高雄市楠梓
471	81195223	Q6I99B274	毓斌實業有限...	高雄市新興...	中華民國...	3.13.50	台灣中油股...	高雄市楠梓
472	81195223	Q6I99B297	毓斌實業有限...	高雄市新興...	中華民國...	3.13.50	台灣中油股...	高雄市楠梓
473	81195223	C3I98B025	毓斌實業有限...	高雄市新興...	中華民國...	3.13.50	台灣中油股...	高雄市楠梓
505	81195223	U8D06I001	毓斌實業有限...	高雄市新興...	中華民國...	3.13.50	台灣中油股...	高雄市楠梓
506	81195223	U8F05S019	毓斌實業有限...	高雄市新興...	中華民國...	3.13.50	台灣中油股...	高雄市楠梓
507	81195223	U9A01R050	毓斌實業有限...	高雄市新興...	中華民國...	3.13.50	台灣中油股...	高雄市楠梓
508	81195223	U9A00R051	毓斌實業有限...	高雄市新興...	中華民國...	3.13.50	台灣中油股...	高雄市楠梓
509	81195223	U8F00S012	毓斌實業有限...	高雄市新興...	中華民國...	3.13.50	台灣中油股...	高雄市楠梓

自行練習: 請分析拒往廠商聯絡人

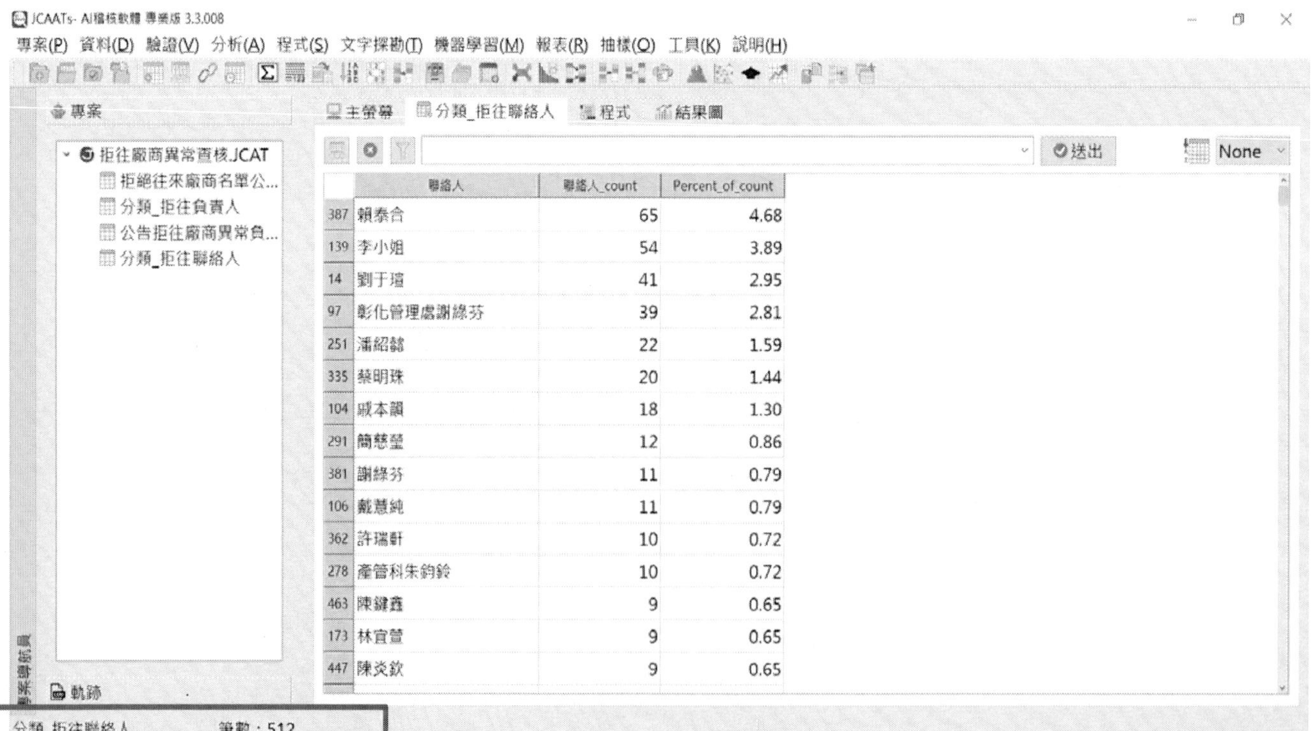

	聯絡人	聯絡人_count	Percent_of_count
387	賴泰合	65	4.68
139	李小姐	54	3.89
14	劉于瑄	41	2.95
97	彰化管理處謝綠芬	39	2.81
251	潘紹懿	22	1.59
335	蔡明珠	20	1.44
104	臧本韻	18	1.30
291	簡慈瑩	12	0.86
381	謝綠芬	11	0.79
106	戴慧純	11	0.79
362	許瑞軒	10	0.72
278	產管科朱鈞鈴	10	0.72
463	陳鍵鑫	9	0.65
173	林宜萱	9	0.65
447	陳炎欽	9	0.65

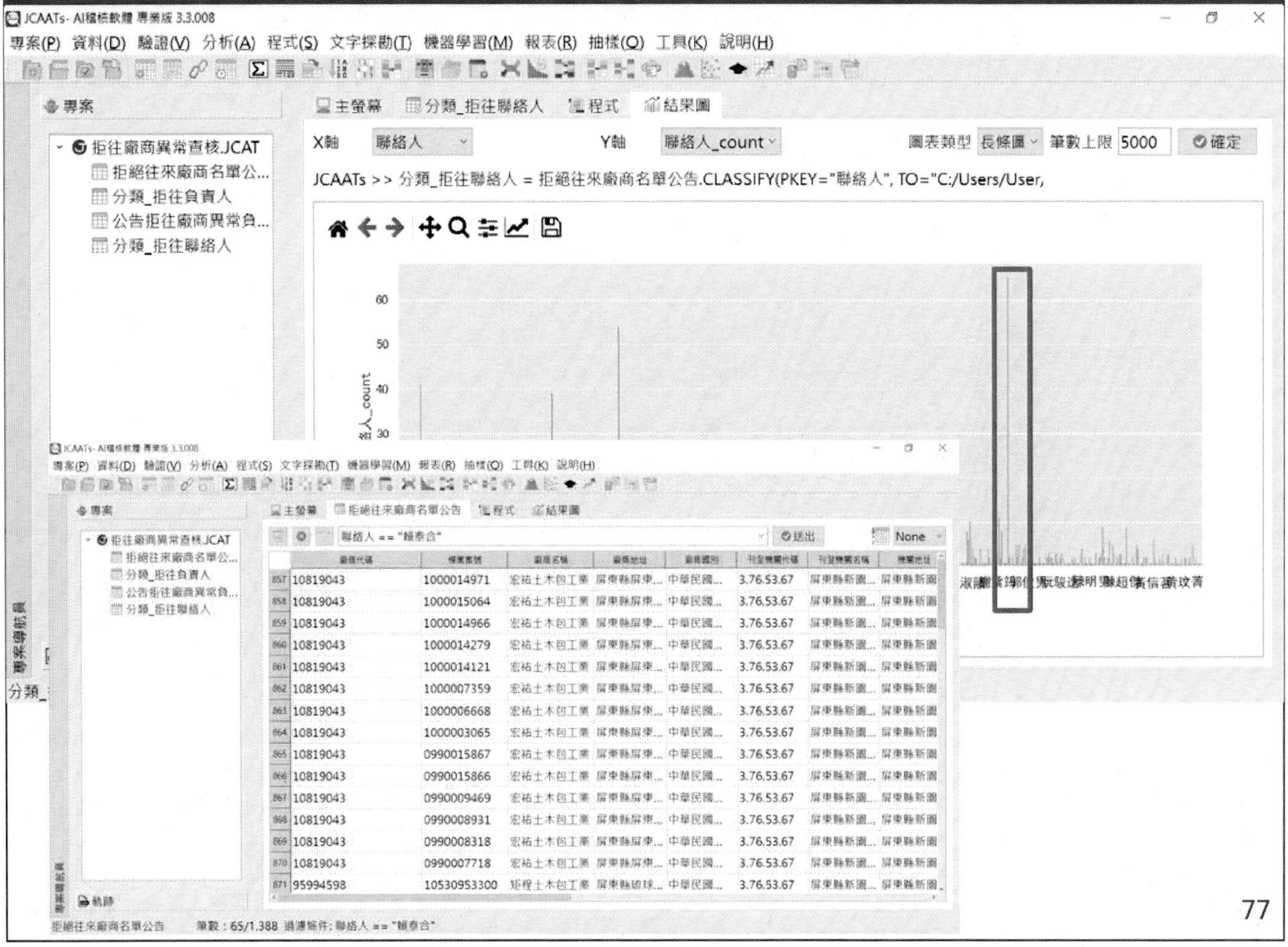

JCAATs- AI稽核軟體 專業版 3.3.008

專案(P) 資料(D) 驗證(V) 分析(A) 程式(S) 文字探勘(T) 機器學習(M) 報表(R) 抽樣(O) 工具(K) 說明(H)

專案

- 拒往廠商異常查核.JCAT
  - 拒絕往來廠商名單公...
  - 分類_拒往負責人
  - 公告拒往廠商異常負...
  - 分類_拒往聯絡人

主螢幕 | 分類_拒往聯絡人 | 程式 | 結果圖

X軸 聯絡人 Y軸 聯絡人_count 圖表類型 長條圖 筆數上限 5000 確定

JCAATs >> 分類_拒往聯絡人 = 拒絕往來廠商名單公告.CLASSIFY(PKEY="聯絡人", TO="C:/Users/User,

聯絡人_count: 60, 50, 40, 30

JCAATs- AI稽核軟體 專業版 3.3.008

專案(P) 資料(D) 驗證(V) 分析(A) 程式(S) 文字探勘(T) 機器學習(M) 報表(R) 抽樣(O) 工具(K) 說明(H)

主螢幕 | 拒絕往來廠商名單公告 | 程式 | 結果圖

聯絡人 == "賴泰合" 送出 None

	廠商代碼	標案案號	廠商名稱	廠商地址	廠商國別	刊登機關代碼	刊登機關名稱	機關地址
857	10819043	1000014971	宏祐土木包工業	屏東縣屏東...	中華民國...	3.76.53.67	屏東縣新園...	屏東縣新園
858	10819043	1000015064	宏祐土木包工業	屏東縣屏東...	中華民國...	3.76.53.67	屏東縣新園...	屏東縣新園
859	10819043	1000014966	宏祐土木包工業	屏東縣屏東...	中華民國...	3.76.53.67	屏東縣新園...	屏東縣新園
860	10819043	1000014279	宏祐土木包工業	屏東縣屏東...	中華民國...	3.76.53.67	屏東縣新園...	屏東縣新園
861	10819043	1000014121	宏祐土木包工業	屏東縣屏東...	中華民國...	3.76.53.67	屏東縣新園...	屏東縣新園
862	10819043	1000007359	宏祐土木包工業	屏東縣屏東...	中華民國...	3.76.53.67	屏東縣新園...	屏東縣新園
863	10819043	1000006668	宏祐土木包工業	屏東縣屏東...	中華民國...	3.76.53.67	屏東縣新園...	屏東縣新園
864	10819043	1000003065	宏祐土木包工業	屏東縣屏東...	中華民國...	3.76.53.67	屏東縣新園...	屏東縣新園
865	10819043	0990015867	宏祐土木包工業	屏東縣屏東...	中華民國...	3.76.53.67	屏東縣新園...	屏東縣新園
866	10819043	0990015866	宏祐土木包工業	屏東縣屏東...	中華民國...	3.76.53.67	屏東縣新園...	屏東縣新園
867	10819043	0990009469	宏祐土木包工業	屏東縣屏東...	中華民國...	3.76.53.67	屏東縣新園...	屏東縣新園
868	10819043	0990008931	宏祐土木包工業	屏東縣屏東...	中華民國...	3.76.53.67	屏東縣新園...	屏東縣新園
869	10819043	0990008318	宏祐土木包工業	屏東縣屏東...	中華民國...	3.76.53.67	屏東縣新園...	屏東縣新園
870	10819043	0990007718	宏祐土木包工業	屏東縣屏東...	中華民國...	3.76.53.67	屏東縣新園...	屏東縣新園
871	95994598	10530953300	矩程土木包工業	屏東縣琉球...	中華民國...	3.76.53.67	屏東縣新園...	屏東縣新園

拒絕往來廠商名單公告 筆數：65/1,388 過濾條件: 聯絡人 == "賴泰合"

深入分析異常聯絡人

萃取 - 拒絕往來廠商名單公告

條件設定 | 輸出設定

結果輸出

○ 螢幕 ◉ 資料表 名稱... 異常聯絡人

☐ 附加到現存資料表

JCAATs >>異常聯絡人.CLASSIFY(PKEY="廠商名稱", TO="")

Table : 異常聯絡人

Note: 2023/07/21 10:24:36

Result - 筆數： 7

廠商名稱	廠商名稱_count	Percent_of_count
全球工程行	15	23.08
宏祐土木包工業	14	21.54
恆冠土木包工業	12	18.46
益泉土木包工業	1	1.54
益泉土木包工業	4	6.15
矩程土木包工業	10	15.38
騰瀠土木包工業	9	13.85

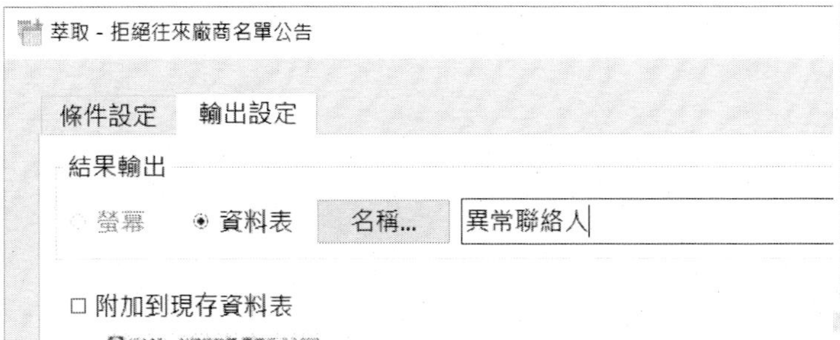

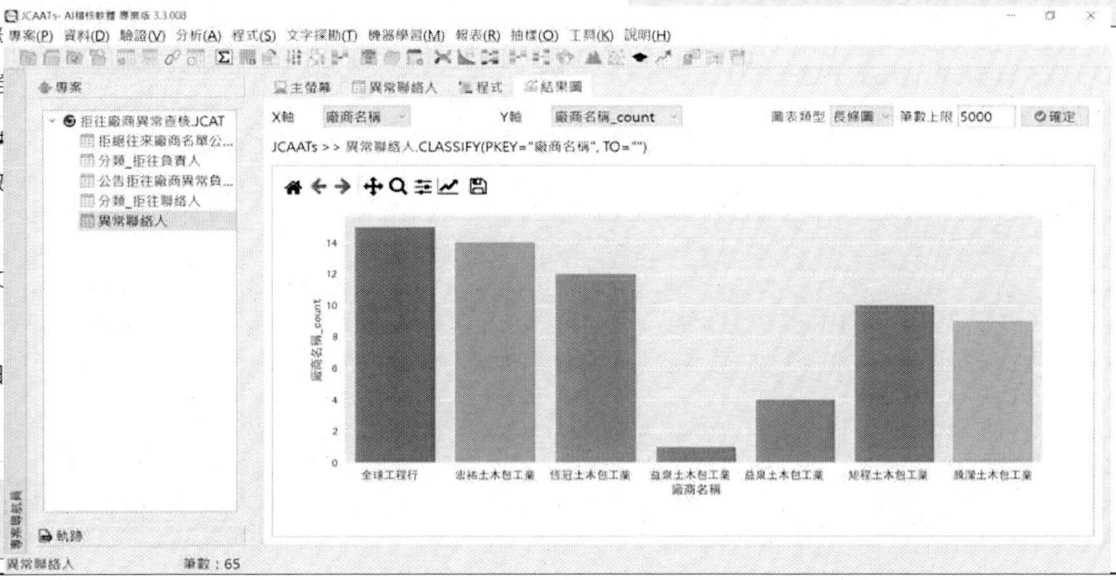

JCAATs- AI稽核軟體 專業版 3.3.008

專案(P) 資料(D) 驗證(V) 分析(A) 程式(S) 文字探勘(T) 機器學習(M) 報表(R) 抽樣(O) 工具(K) 說明(H)

專案

- 拒往廠商異常查核.JCAT
  - 拒絕往來廠商名單公...
  - 分類_拒往負責人
  - 公告拒往廠商異常負...
  - 分類_拒往聯絡人
  - 異常聯絡人

主螢幕 | 異常聯絡人 | 程式 | 結果圖

X軸 廠商名稱 Y軸 廠商名稱_count 圖表類型 長條圖 筆數上限 5000 確定

JCAATs >> 異常聯絡人.CLASSIFY(PKEY="廠商名稱", TO="")

廠商名稱_count: 0, 2, 4, 6, 8, 10, 12, 14

全球工程行 宏祐土木包工業 恆冠土木包工業 益泉土木包工業 益泉土木包工業 矩程土木包工業 騰瀠土木包工業

廠商名稱

異常聯絡人 筆數：65

技術百科: 反詐騙常見OPEN DATA

- 民眾通報詐騙line id: https://data.gov.tw/dataset/78432
- 遭通報之境外帳戶: https://165.npa.gov.tw/#/article/news/676
- 民眾通報假投資(博弈)詐騙網站:
  https://165.npa.gov.tw/#/article/news/673
- 詐騙來電排名：
  https://165.npa.gov.tw/#/article/news/668
- 對常發生電信詐欺地區:
  https://data.gov.tw/dataset/98176

利害關係人建檔有效性查核常見之 OPEN DATA

- 上市公司基本資料資料匯入
  https://mopsfin.twse.com.tw/opendata/t187ap03_L.csv
  上櫃股票基本資料資料匯入
  https://mopsfin.twse.com.tw/opendata/t187ap03_O.csv
  公開發行公司基本資料資料匯入
  https://mopsfin.twse.com.tw/opendata/t187ap03_P.csv
  興櫃公司基本資料資料匯入
  https://mopsfin.twse.com.tw/opendata/t187ap03_R.csv
  上市公司持股逾10大股東名單資料匯入
  https://mopsfin.twse.com.tw/opendata/t187ap02_L.csv
  上櫃公司持股逾10大股東名單資料匯入
  https://mopsfin.twse.com.tw/opendata/t187ap02_O.csv
  上市公司

- 持股逾10大股東名單資料匯入
  https://mopsfin.twse.com.tw/opendata/t187ap02_L.csv
  上櫃公司持股逾10大股東名單資料匯入
  https://mopsfin.twse.com.tw/opendata/t187ap02_O.csv
  上市公司董監事持股餘額明細資料資料匯入
  https://mopsfin.twse.com.tw/opendata/t187ap11_L.csv
  上櫃公司董監事持股餘額明細資料資料匯入
  https://mopsfin.twse.com.tw/opendata/t187ap11_O.csv
  興櫃公司董監事持股餘額明細資料匯入
  https://mopsfin.twse.com.tw/opendata/t187ap11_R.csv
  公發公司董監事持股餘額明細
  https://mopsfin.twse.com.tw/opendata/t187ap11_P.csv
  董監事資料集
  http://data.gcis.nat.gov.tw/od/file?oid=7E5201D9-CAD2-494E-8920-5319D66F66A1

| AI Audit Expert

CSV檔案匯入案例1
-以利害關係人建檔有效性查核為例

搜尋持股逾10大股東名單:

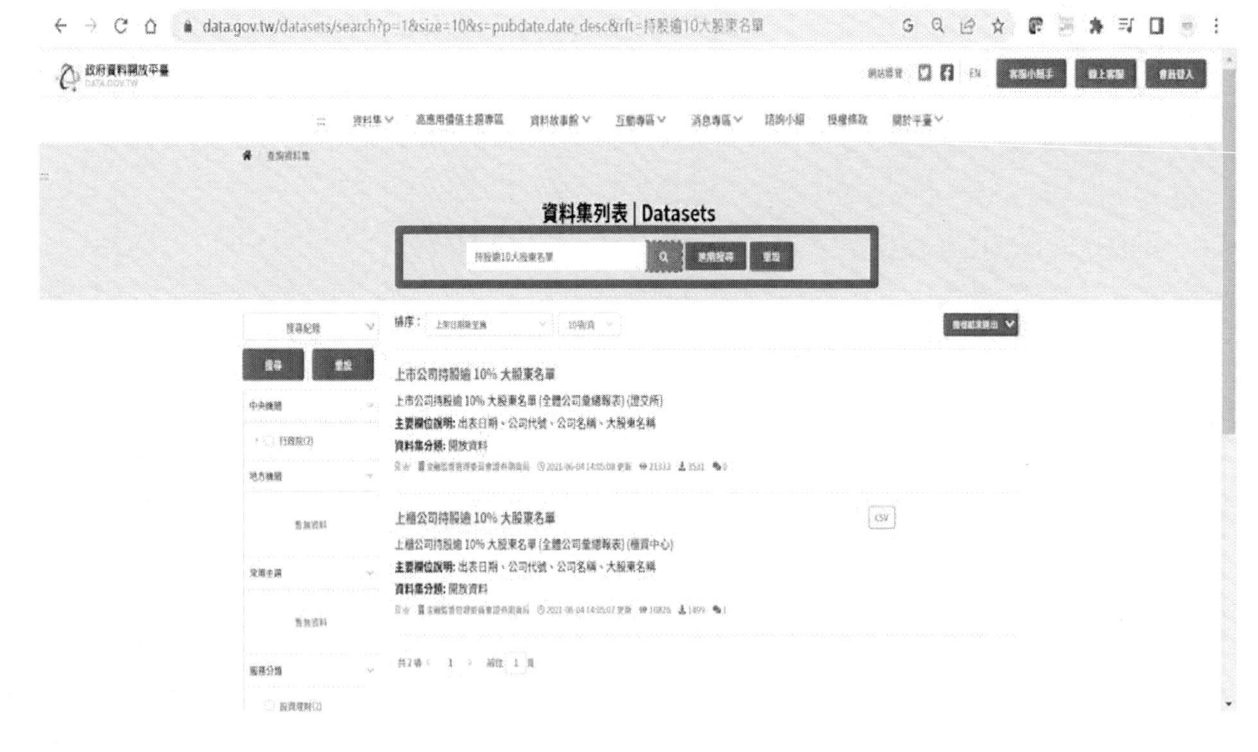

AI Audit Expert
Copyright © 2023 JACKSOFT.

點選「檢視資料」後，複製連結網址

檢視資料

資料資源欄位	出表日期、公司代號、公司名稱、大股東名稱
檔案格式	
編碼格式	UTF-8
資料量	821
資料下載網址	https://mopsfin.twse.com.tw/opendata/t187ap02_L.csv
資料資源描述	
資料資源品質檢測時間	2022-10-04 11:08:26
資料資源備註欄位	
下載用途說明	如願協助本平臺精進，可協助填寫下載用途說明，感謝您的幫忙，本項統計僅供內部參考使用(可複選) 商業用途 學術研究 統計分析 程式開發 其他 請輸入下載用途說明 送出
多元格式參考資料	以下連結為本平臺協助提供多元格式參考資料(轉檔時間：2022-10-04 11:08:26)，非即時資料，完整資料請以機關原始連結為主。 點此下載: CSV XML JSON

建立利害關係人建檔完整性查核專案後，選擇OPEN DATA連結器進行資料匯入

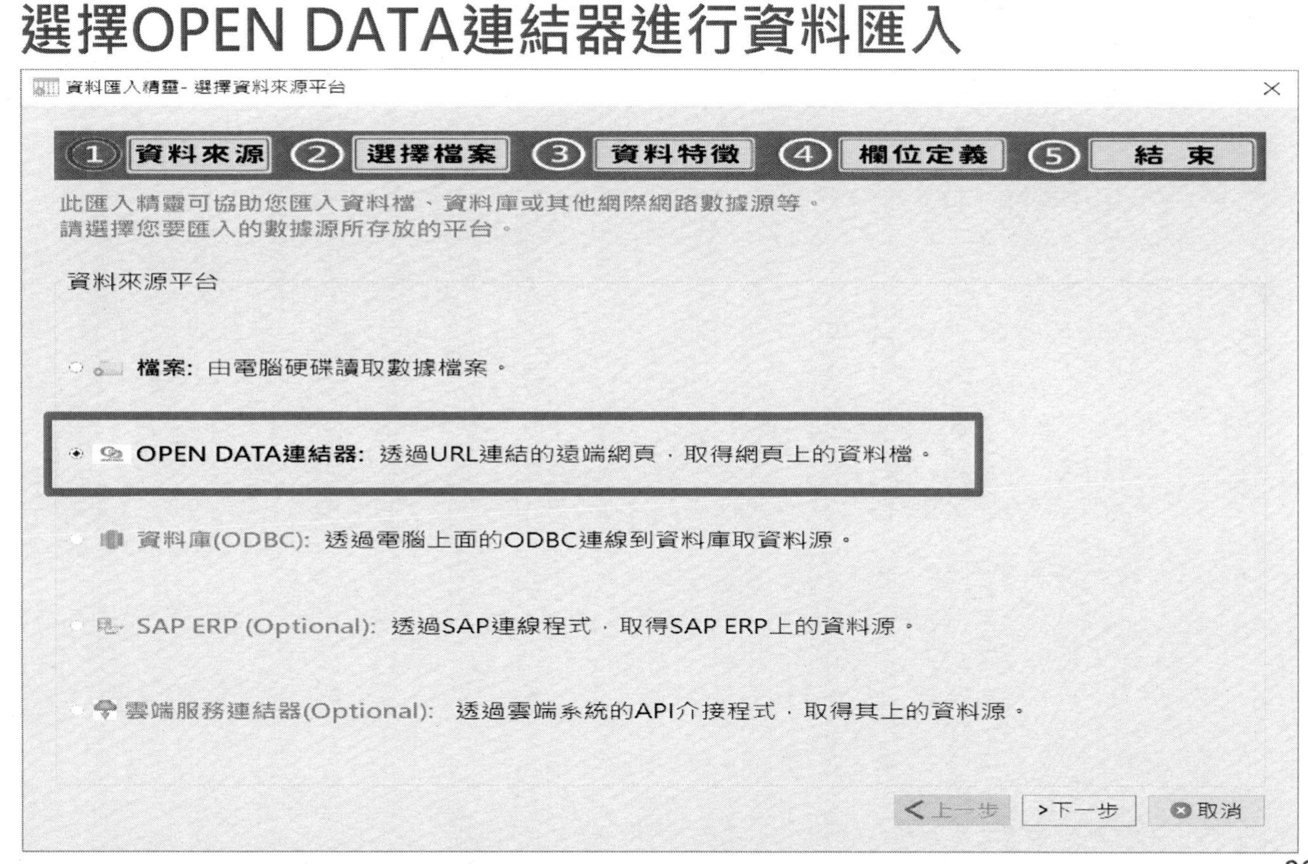

貼入公告資料網址與選擇檔案類型

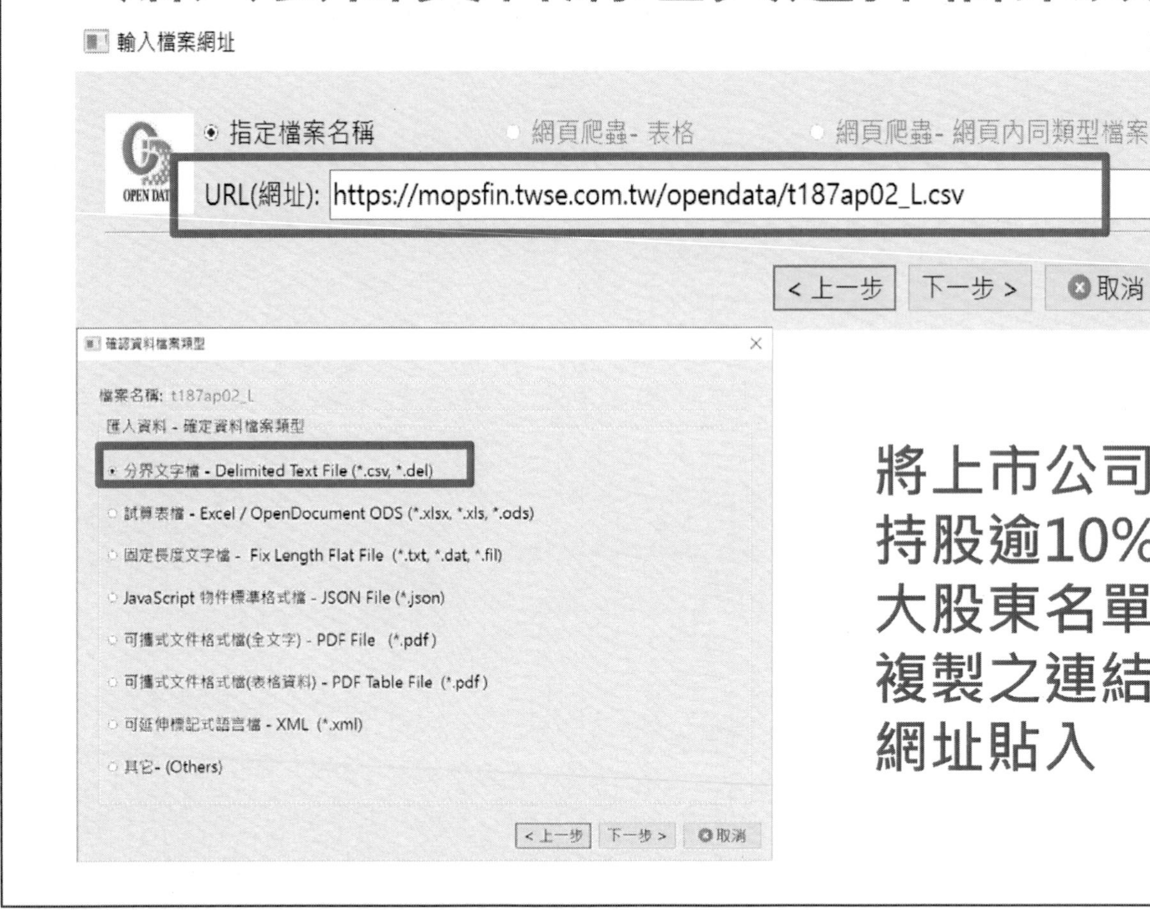

將上市公司持股逾10%大股東名單複製之連結網址貼入

依照匯入精靈指引依序完成

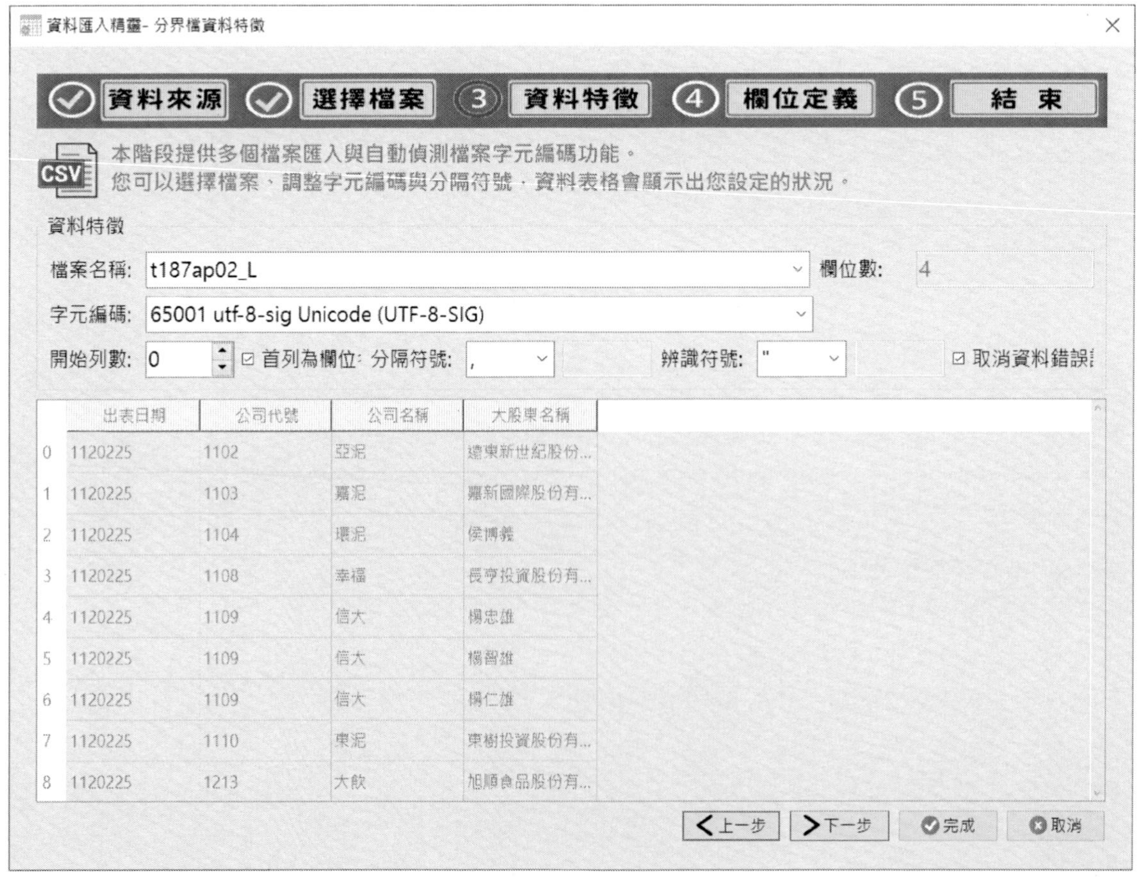

	出表日期	公司代號	公司名稱	大股東名稱
0	1120225	1102	亞泥	遠東新世紀股份...
1	1120225	1103	嘉泥	嘉新國際股份有...
2	1120225	1104	環泥	侯博義
3	1120225	1108	幸福	長亨投資股份有...
4	1120225	1109	信大	楊忠雄
5	1120225	1109	信大	楊智雄
6	1120225	1109	信大	楊仁雄
7	1120225	1110	東泥	東榭投資股份有...
8	1120225	1213	大飲	旭順食品股份有...

依照匯入精靈指引依序完成

依照匯入精靈指引依序完成

依照匯入精靈指引依序完成

	出表日期	公司代號	公司名稱	大股東名稱
0	1120225	1102	亞泥	遠東新世紀股份有限公司
1	1120225	1103	嘉泥	嘉新國際股份有限公司
2	1120225	1104	環泥	侯博義
3	1120225	1108	幸福	長亨投資股份有限公司
4	1120225	1109	信大	楊忠雄
5	1120225	1109	信大	楊智雄
6	1120225	1109	信大	楊仁雄
7	1120225	1110	東泥	東樹投資股份有限公司
8	1120225	1213	大飲	旭順食品股份有限公司
9	1120225	1213	大飲	寶亞有限公司
10	1120225	1215	卜蜂	百慕達商卜蜂(台灣)投資(股)公司
11	1120225	1215	卜蜂	泰商Charoen Pokphand Foods Public Company Limited
12	1120225	1218	泰山	龍邦國際興業股份有限公司
13	1120225	1225	福懋油	官耀
14	1120225	1225	福懋油	興泰實業股份有限公司

上市公司持股超過百分之十名單 筆數 : 892

以上資料筆數會因為不同時間有所改變

| AI Audit Expert

CSV檔案匯入案例2
-以內政部警政署165反詐騙資料為例

反詐騙--政府開放資料平台

https://data.gov.tw/datasets　　搜尋: 165反詐騙

data.gov.tw/dataset/78432

政府資料開放平臺
DATA.GOV.TW

網站導覽　EN　客服小幫手　線上客服　會員登入

資料集　高應用價值主題專區　資料故事館　互動專區　消息專區　諮詢小組　授權條款　關於平臺

提供165反詐騙諮詢專線受理民眾檢舉、報案的詐騙LINE ID

評分此資料集：

平均4.34 (395 人次投票)

瀏覽次數: 93677　下載次數: 16171　意見數: 13　列印

主要欄位說明 *粗體欄位為資料標準欄位	編號、帳號、通報日期
資料資源下載網址	CSV 檢視資料 詐騙LINE ID API 檢視資料 詐騙LINE ID-URL存取JSON格式
提供機關	警政署
提供機關聯絡人姓名	林思妍小姐 (165)

參考來源:https://data.gov.tw/dataset/78432

檢視與複製連結網址

檢視資料

資料資源欄位	編號、帳號、通報日期
檔案格式	CSV
編碼格式	UTF-8
資料量	0
資料下載網址	https://data.moi.gov.tw/MoiOD/System/DownloadFile.aspx?DATA=7F6BE616-8CE6-449E-8620-5F627C22AA0D
資料資源描述	詐騙LINE ID
資料資源品質檢測時間	2023-06-06 12:26:33
資料資源備註欄位	
下載用途說明	如願協助本平臺精進，可協助填寫下載用途說明，感謝您的幫忙，本項統計僅供內部參考使用(可複選) 商業用途 學術研究 統計分析 程式開發 其他
多元格式參考資料	以下連結為本平臺協助提供多元格式參考資料(轉檔時間：2023-06-06 12:26:33)，非即時資料，完整資料請以機關原始連結為主。 點此下載: CSV XML JSON

參考以上步驟完成內政部警政署民眾通報反詐騙line ID 匯入結果

	編號	帳號	通報日期
16965	16966	@128wrtfb	2023/7/7
16962	16963	kili1207	2023/7/7
16966	16967	belle9021	2023/7/7
16953	16954	c1829	2023/7/7
16954	16955	zj660	2023/7/7
16955	16956	see818	2023/7/7
16956	16957	22311LW	2023/7/7
16957	16958	ioi9988	2023/7/7
16958	16959	li23980	2023/7/7
16960	16961	hh080909	2023/7/7
16961	16962	jip88990	2023/7/7
16959	16960	zyj0099	2023/7/7
16963	16964	n1990799	2023/7/7
16964	16965	x1984321	2023/7/7
16968	16969	lin957723	2023/7/7

以上資料筆數會因為不同時間有所改變

AI Audit Expert

JCAATs

公告詐騙資訊，偵測相關風險OPEN DATA資料匯入實例上機演練(五)

以內政部警政署:

1.遭通報之境外帳戶

2.詐騙網站

3.詐騙電話排行為例

1.內政部警政署:遭通報之境外帳戶

165.npa.gov.tw/#/article/news/676

內政部警政署165全民防騙網
National Police Agency,Ministry of the Interior
165反詐騙諮詢專線

我要報案 | 我要檢舉 | 檢舉詐騙廣告

首頁 | 新聞快訊 | 闢謠專區 | 高風險賣場 | 常見QA | 檢舉詐欺報案 | 反詐騙宣導 | 資料查詢 | 檔案下載 | 相關連結

新聞快訊

遭通報之境外帳戶(更新至1120718)

發佈日期：2023-07-19 09:16

更新日期：2023-07-19 09:18

下載附檔

676_公告165網站....xls

資料來源: https://165.npa.gov.tw/#/article/news/676

下載附件為excel檔案後，使用檔案匯入方式，依序進行匯入

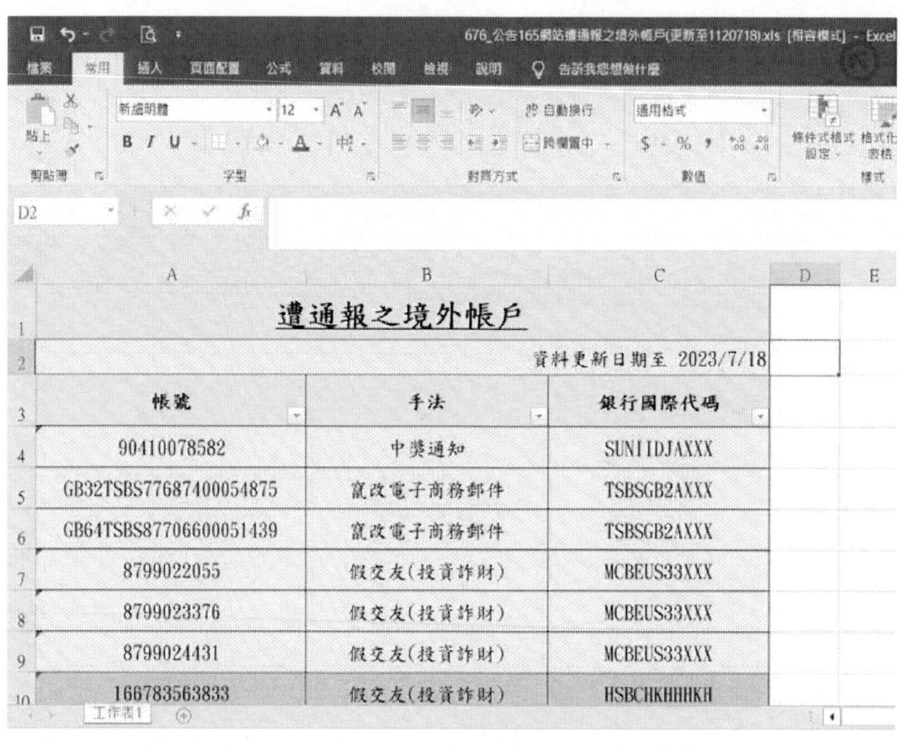

遭通報之境外帳戶

資料更新日期至 2023/7/18

帳號	手法	銀行國際代碼
90410078582	中獎通知	SUNIIDJAXXX
GB32TSBS77687400054875	竄改電子商務郵件	TSBSGB2AXXX
GB64TSBS87706600051439	竄改電子商務郵件	TSBSGB2AXXX
8799022055	假交友(投資詐財)	MCBEUS33XXX
8799023376	假交友(投資詐財)	MCBEUS33XXX
8799024431	假交友(投資詐財)	MCBEUS33XXX
166783563833	假交友(投資詐財)	HSBCHKHHHKH

AI Audit Expert
Copyright © 2023 JACKSOFT.

完成遭通報詐騙之境外帳戶匯入結果

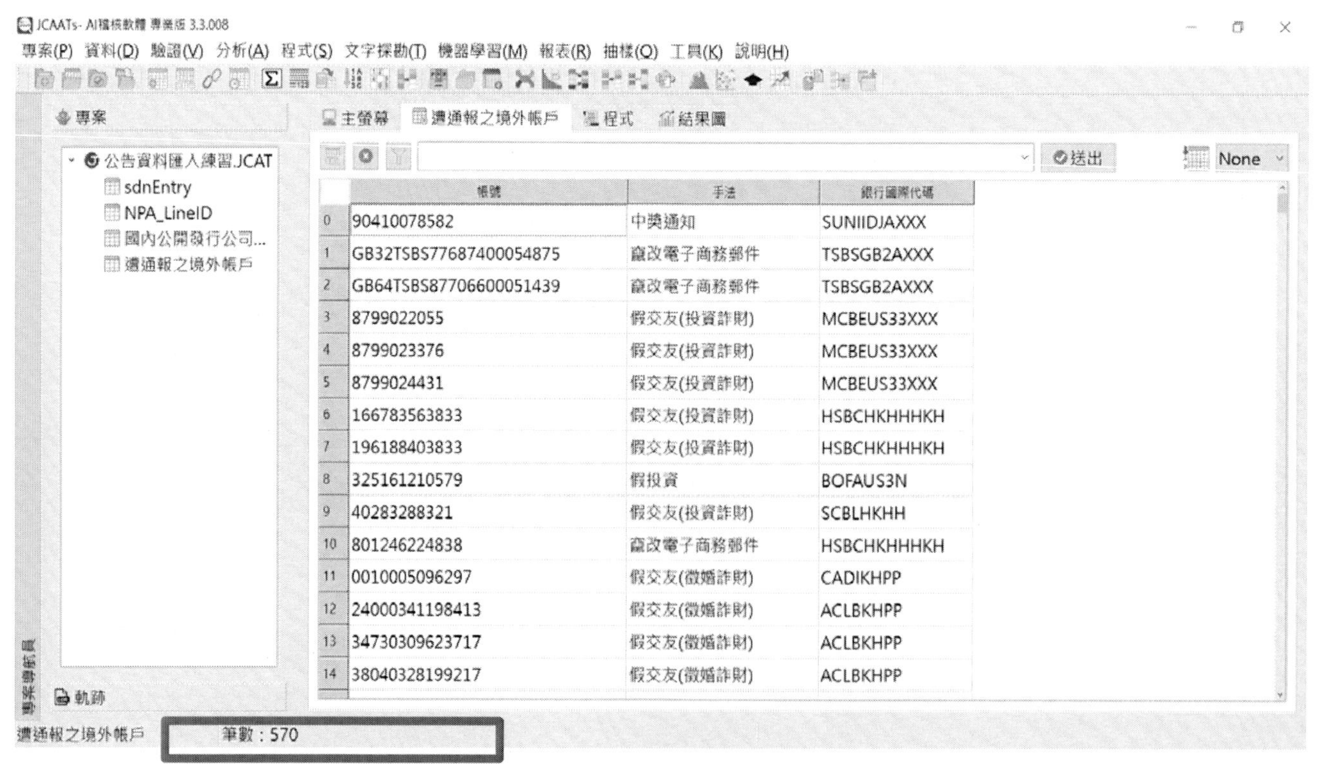

	帳號	手法	銀行國際代碼
0	90410078582	中獎通知	SUNIIDJAXXX
1	GB32TSBS77687400054875	竄改電子商務郵件	TSBSGB2AXXX
2	GB64TSBS87706600051439	竄改電子商務郵件	TSBSGB2AXXX
3	8799022055	假交友(投資詐財)	MCBEUS33XXX
4	8799023376	假交友(投資詐財)	MCBEUS33XXX
5	8799024431	假交友(投資詐財)	MCBEUS33XXX
6	166783563833	假交友(投資詐財)	HSBCHKHHHKH
7	196188403833	假交友(投資詐財)	HSBCHKHHHKH
8	325161210579	假投資	BOFAUS3N
9	40283288321	假交友(投資詐財)	SCBLHKHH
10	801246224838	竄改電子商務郵件	HSBCHKHHHKH
11	0010005096297	假交友(徵婚詐財)	CADIKHPP
12	24000341198413	假交友(徵婚詐財)	ACLBKHPP
13	34730309623717	假交友(徵婚詐財)	ACLBKHPP
14	38040328199217	假交友(徵婚詐財)	ACLBKHPP

以上資料筆數會因為不同時間有所改變

2.內政部警政署民眾通報詐騙網站

資料來源: https://165.npa.gov.tw/#/article/news/673

將網頁表格資料另存為單一網頁資料

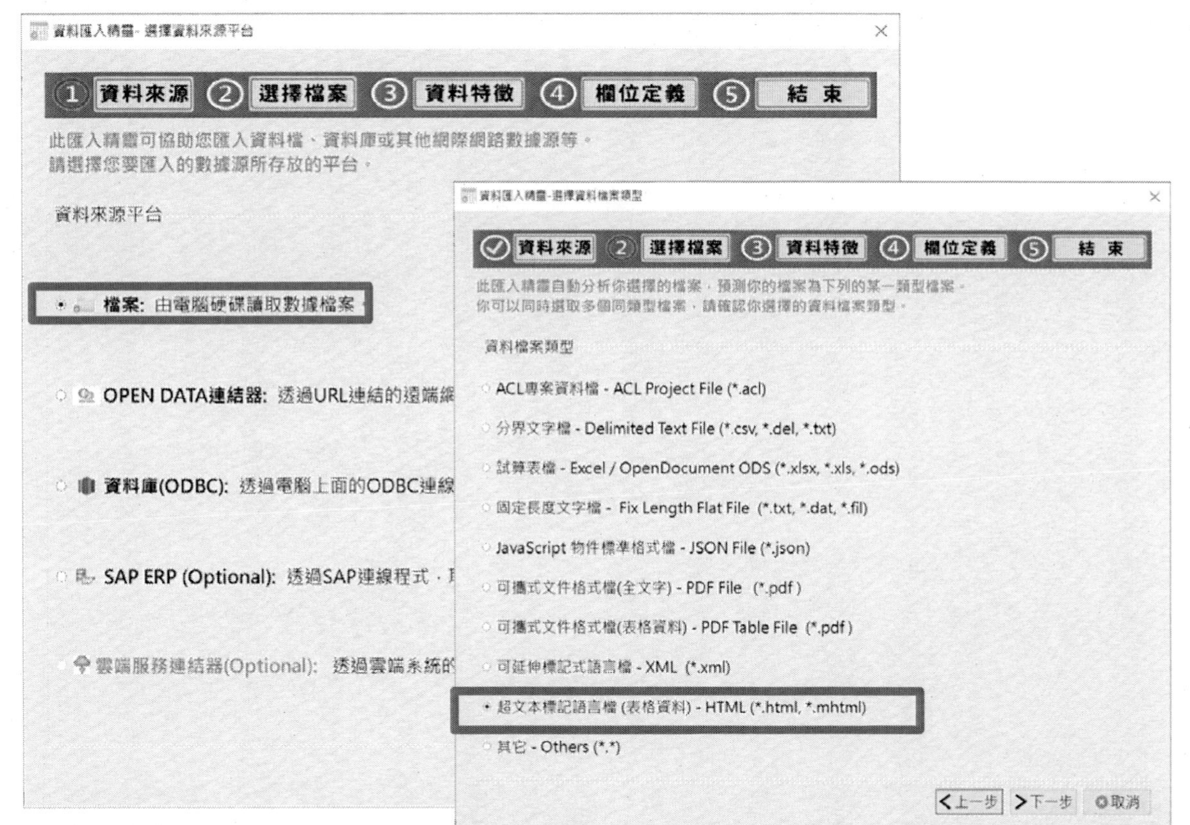

HTML檔案匯入為JCAATs 專業版功能

依照資料匯入精靈引導依序進行

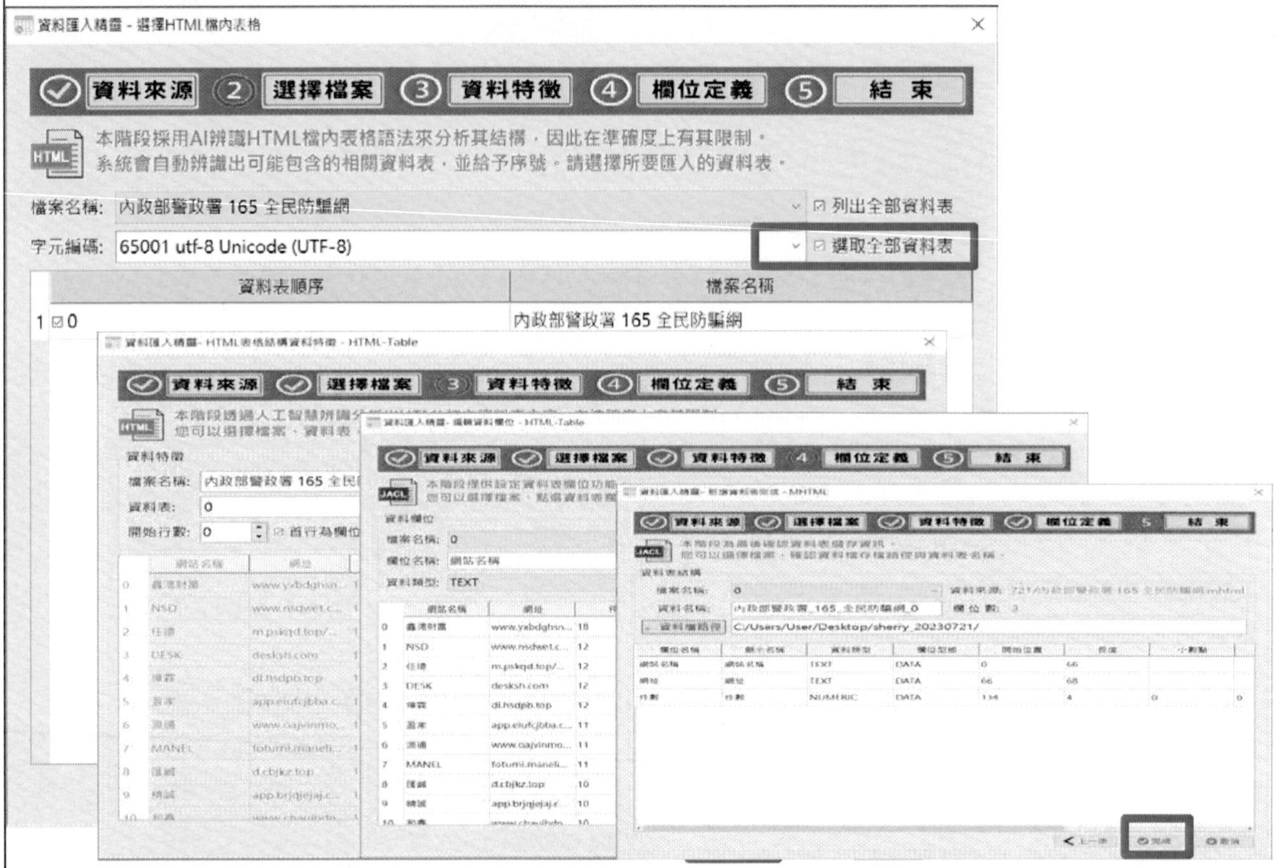

資料匯入精靈 - 選擇HTML檔內表格
資料來源
2 選擇檔案
3 資料特徵
4 欄位定義
5 結 束
本階段採用AI辨識HTML檔內表格語法來分析其結構，因此在準確度上有其限制。
系統會自動辨識出可能包含的相關資料表，並給予序號。請選擇所要匯入的資料表。
檔案名稱: 內政部警政署 165 全民防騙網
列出全部資料表
字元編碼: 65001 utf-8 Unicode (UTF-8)
選取全部資料表
資料表順序
檔案名稱
1 0
內政部警政署 165 全民防騙網
資料特徵
資料表: 0
開始行數: 0
首行為欄位
資料欄位
資料類型: TEXT
C:/Users/User/Desktop/sherry_20230721/

完成:內政部警政署 民眾通報假投資(博弈)詐騙網站

JCAATs- AI稽核軟體 專業版 3.3.008
專案(P) 資料(D) 驗證(V) 分析(A) 程式(S) 文字探勘(T) 機器學習(M) 報表(R) 抽樣(Q) 工具(K) 說明(H)
專案
公告資料匯入練習.JCAT
sdnEntry
NPA_LineID
國內公開發行公司...
遭通報之境外帳戶
內政部警政署_165...
軌跡
主螢幕
內政部警政署_165_全民防騙網_0
程式
結果圖
送出
None

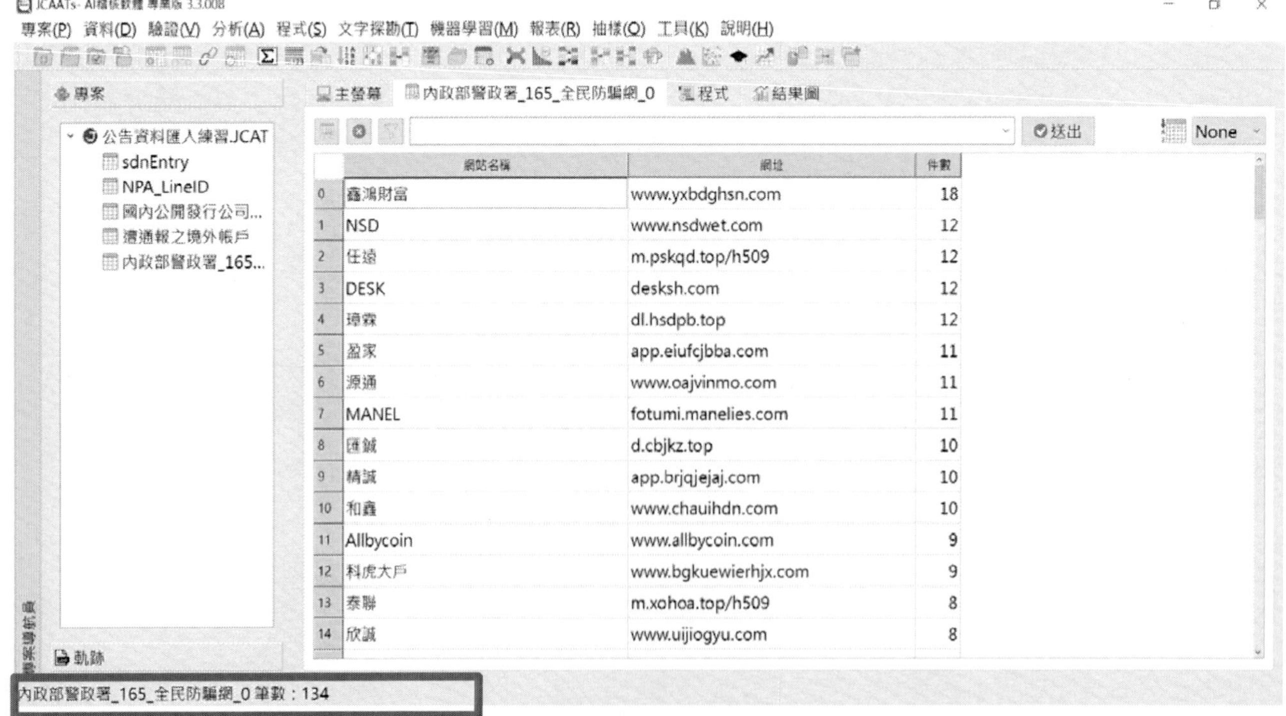

	網站名稱	網址	件數
0	鑫鴻財富	www.yxbdghsn.com	18
1	NSD	www.nsdwet.com	12
2	任遠	m.pskqd.top/h509	12
3	DESK	desksh.com	12
4	璋霖	dl.hsdpb.top	12
5	盈家	app.eiufcjbba.com	11
6	源通	www.oajvinmo.com	11
7	MANEL	fotumi.manelies.com	11
8	匯誠	d.cbjkz.top	10
9	精誠	app.brjqjejaj.com	10
10	和鑫	www.chauihdn.com	10
11	Allbycoin	www.allbycoin.com	9
12	科虎大戶	www.bgkuewierhjx.com	9
13	泰聯	m.xohoa.top/h509	8
14	欣誠	www.uijiogyu.com	8

內政部警政署_165_全民防騙網_0 筆數：134

以上資料筆數會因為不同時間有所改變

3.內政部警政署公告詐騙電話排行

內政部警政署165全民防騙網
National Police Agency,Ministry of the Interior
165反詐騙諮詢專線

我要報案 | 我要檢舉 | 檢舉詐騙廣告

首頁 | 新聞快訊 | 闢謠專區 | 高風險賣場 | 常見QA | 檢舉詐欺報案 | 反詐騙宣導 | 資料查詢 | 檔案下載 | 相關連結

新聞快訊

112/5/29-112/(

發佈日期：2023-06-07
更新日期：2023-06-06

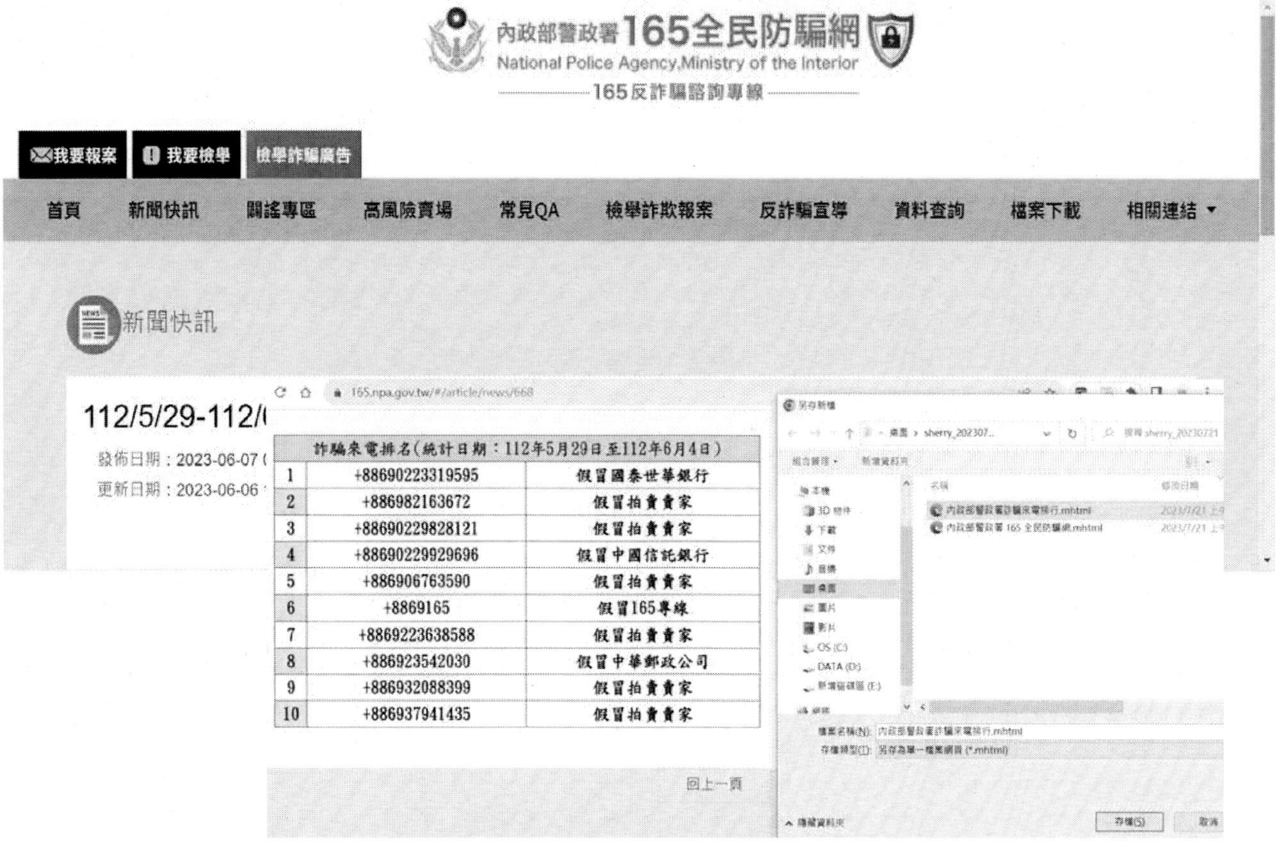

詐騙來電排名(統計日期：112年5月29日至112年6月4日)

1	+88690223319595	假冒國泰世華銀行
2	+886982163672	假冒拍賣賣家
3	+88690229828121	假冒拍賣賣家
4	+88690229929696	假冒中國信託銀行
5	+886906763590	假冒拍賣賣家
6	+8869165	假冒165專線
7	+8869223638588	假冒拍賣賣家
8	+886923542030	假冒中華郵政公司
9	+886932088399	假冒拍賣賣家
10	+886937941435	假冒拍賣賣家

回上一頁

完成:
內政部警政署公告詐騙電話排行

	排行	電話	說明
0	1	+88690223319595	假冒國泰世華銀行
1	2	+886982163672	假冒拍賣賣家
2	3	+88690229828121	假冒拍賣賣家
3	4	+88690229929696	假冒中國信託銀行
4	5	+886906763590	假冒拍賣賣家
5	6	+8869165	假冒165專線
6	7	+8869223638588	假冒拍賣賣家
7	8	+886923542030	假冒中華郵政公司
8	9	+886932088399	假冒拍賣賣家
9	10	+886937941435	假冒拍賣賣家

以上資料筆數會因為不同時間有所改變

OPEN DATA 資料 匯入實例上機演練(六): 網路爬蟲-表格

-公開資訊觀測站即時重大訊息為例

匯入資料來源：

公開資訊觀測站-即時重大訊息

至公開資訊觀測站重大訊息與公告處，點選即時重大訊息即可獲取本專案匯入連結

STEP 1:開啟專案後新增資料表
STEP 2:選擇資料來源為OPEN DATA匯入

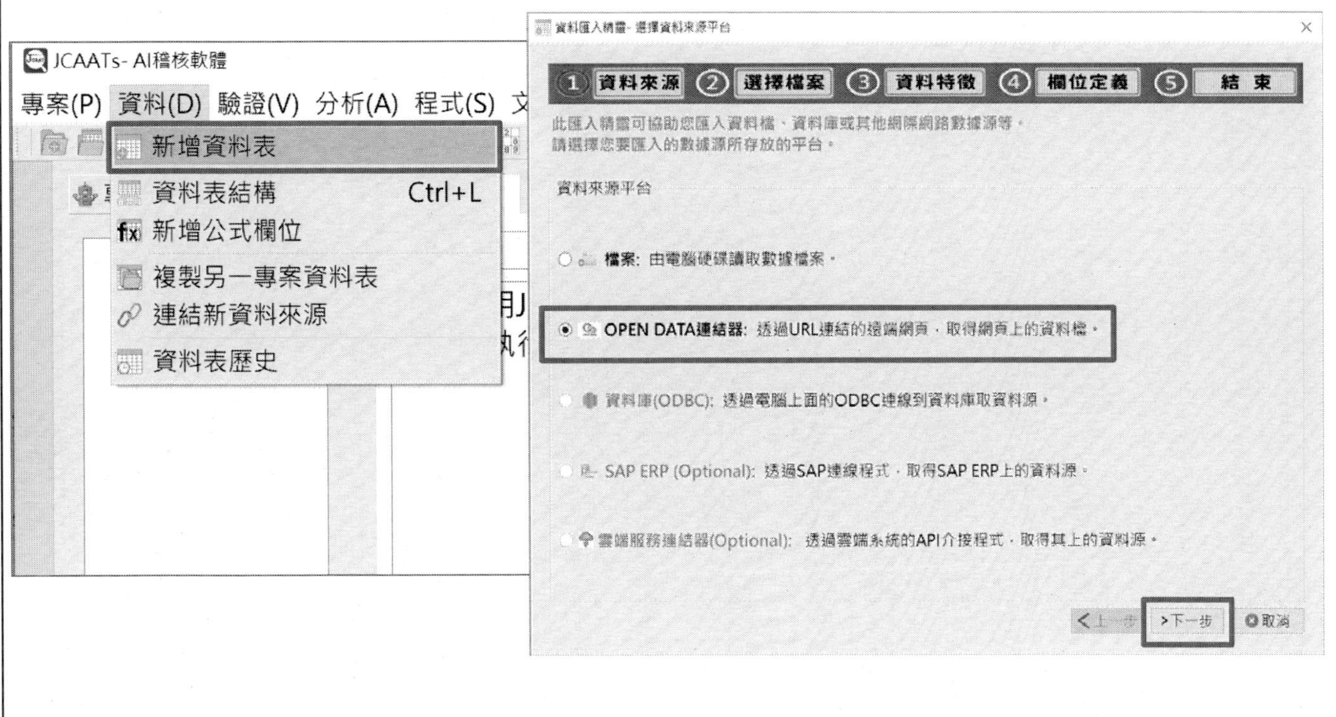

STEP 3：選擇網頁爬蟲-表格後
貼上連結網址
STEP 4：選擇所需資料表

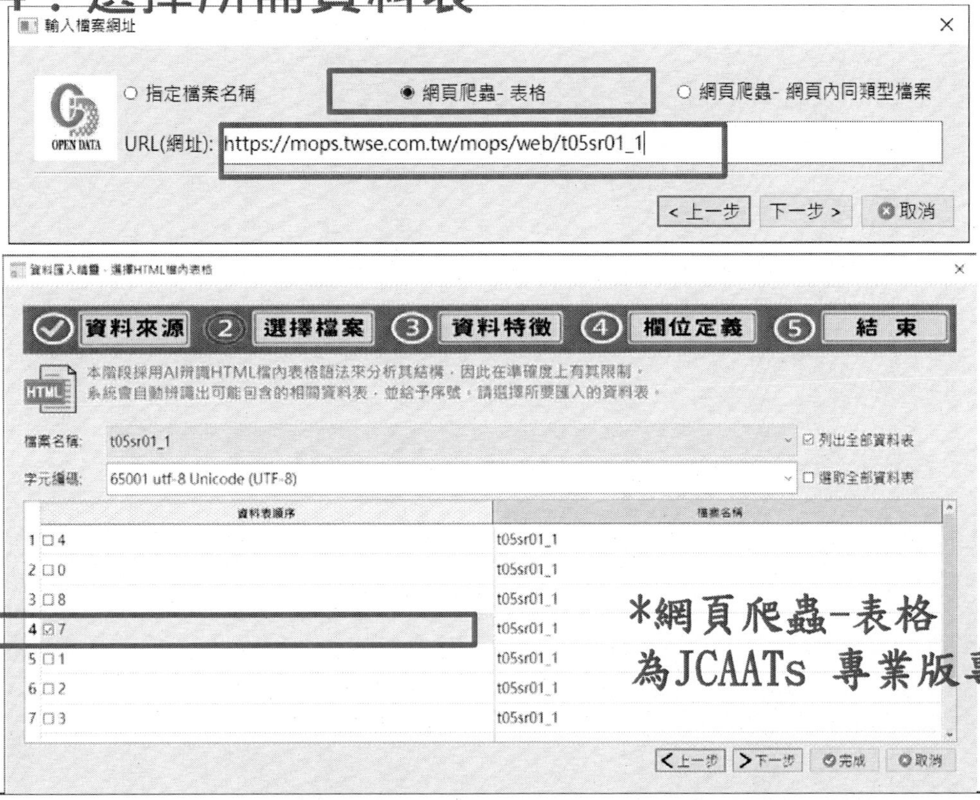

輸入檔案網址

○ 指定檔案名稱 ◉ 網頁爬蟲- 表格 ○ 網頁爬蟲- 網頁內同類型檔案

OPEN DATA URL(網址): https://mops.twse.com.tw/mops/web/t05sr01_1

< 上一步 下一步 > 取消

資料匯入精靈 - 選擇HTML檔內表格

1 資料來源 2 選擇檔案 3 資料特徵 4 欄位定義 5 結 束

本階段採用AI辨識HTML檔內表格語法來分析其結構，因此在準確度上有其限制。
系統會自動辨識出可能包含的相關資料表，並給予序號，請選擇所要匯入的資料表。

檔案名稱: t05sr01_1 ☑ 列出全部資料表

字元編碼: 65001 utf-8 Unicode (UTF-8) ☐ 選取全部資料表

	資料表順序	檔案名稱
1	☐ 4	t05sr01_1
2	☐ 0	t05sr01_1
3	☐ 8	t05sr01_1
4	☑ 7	t05sr01_1
5	☐ 1	t05sr01_1
6	☐ 2	t05sr01_1
7	☐ 3	t05sr01_1

<上一步 >下一步 完成 取消

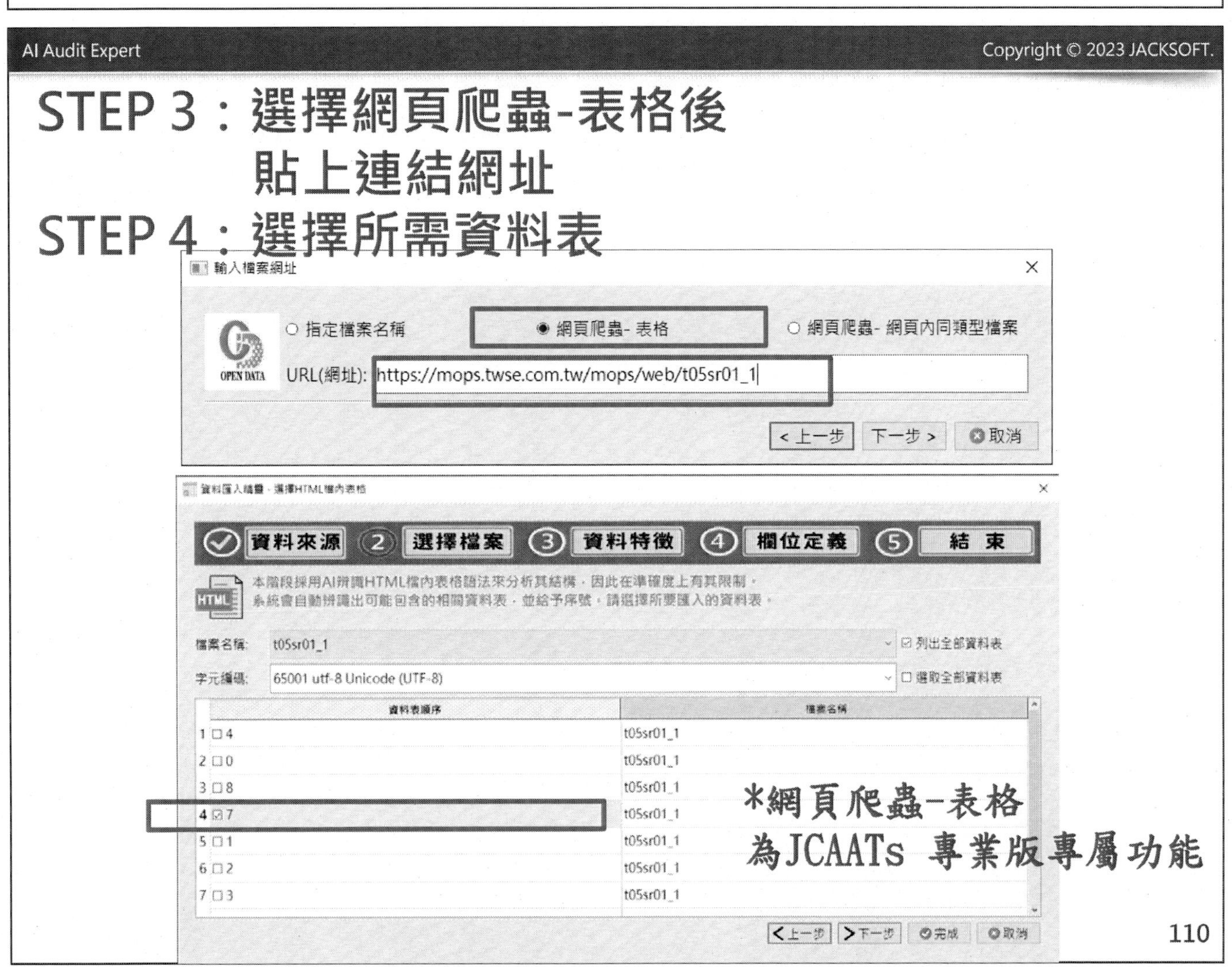

*網頁爬蟲-表格
為JCAATs 專業版專屬功能

STEP 5：完成資料特徵與及欄位定義

STEP 6：確認資料表名稱及資料檔存放路徑

STEP 7:完成OPEN DATA匯入結果畫面

主螢幕 | 公開資訊觀測站_即時重大訊息 | 程式 | 結果圖

送出 None

	公司代號	公司簡稱	發言日期	發言時間	
0	2015	豐興	112/05/31	15:29:01	本公司112年股東常會重要決議事項
1	2755	揚秦	112/05/31	15:28:50	公告本公司112年股東常會重要決議事項
2	6140	訊達電腦	112/05/31	15:28:50	公告本公司112年4月份自結合併財務報告之流動比率
3	6438	迅得	112/05/31	15:27:33	公告本公司112年股東常會重要決議之事項
4	4573	高明鐵	112/05/31	15:26:58	公告本公司112年04月合併報表之流動比率、速動比
5	2013	中鋼構	112/05/31	15:26:33	公告本公司董事會委任第五屆薪資報酬委員會委員名
6	3607	谷崧	112/05/31	15:25:32	代子公司東莞辰崧塑膠有限公司公告其資金貸與他人
7	2013	中鋼構	112/05/31	15:25:16	公告本公司董事長續任
8	2201	裕隆	112/05/31	15:24:57	公告本公司112年股東常會重要決議事項
9	1776	展宇	112/05/31	15:24:37	公告本公司112年度股東常會重要決議事項(更正公告
10	2013	中鋼構	112/05/31	15:24:01	公告本公司委任審計委員會委員

| AI Audit Expert

JCAATs

OPEN DATA 資料 匯入實例上機演練(七) 網頁爬蟲-網頁內同類型檔案

-以政府資料開放平台公司設立變更解散清冊為例

匯入資料來源：
政府資料開放平台-公司設立變更解散清冊

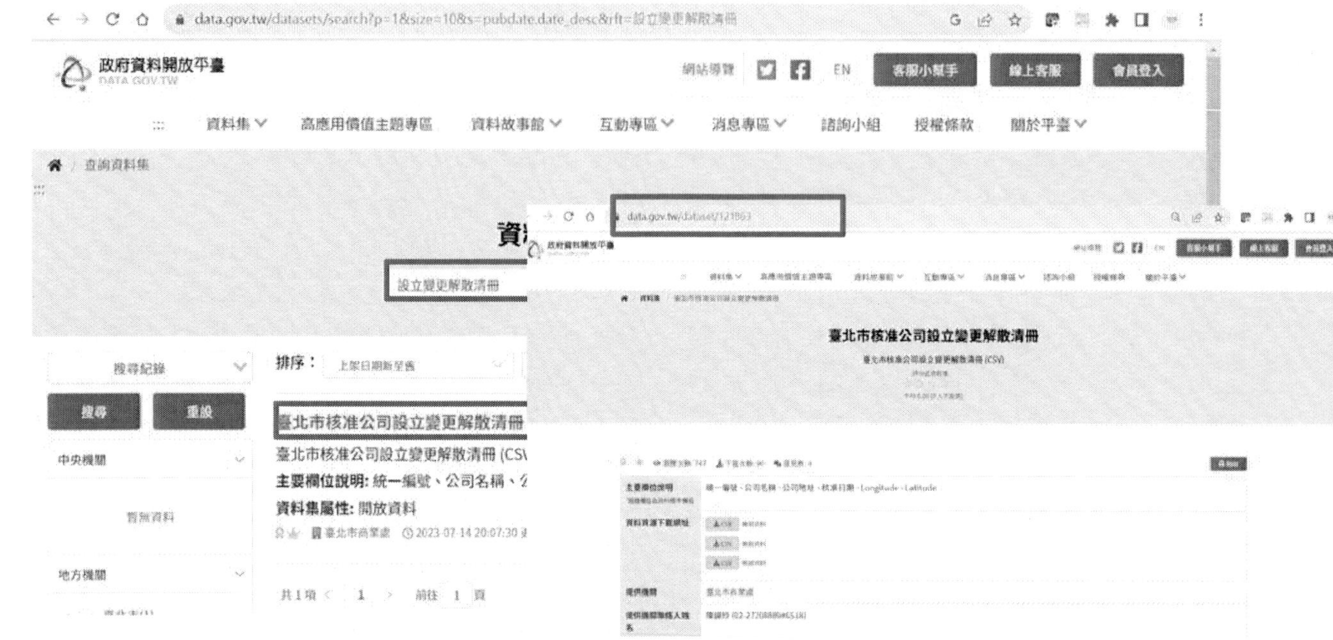

至政府資料開放平台，至關鍵字搜尋輸入設立變更解散清冊，找到需要資料來源: https://data.gov.tw/dataset/121863，複製連結網址

STEP 1:開啟專案後新增資料表
STEP 2:選擇資料來源為OPEN DATA匯入

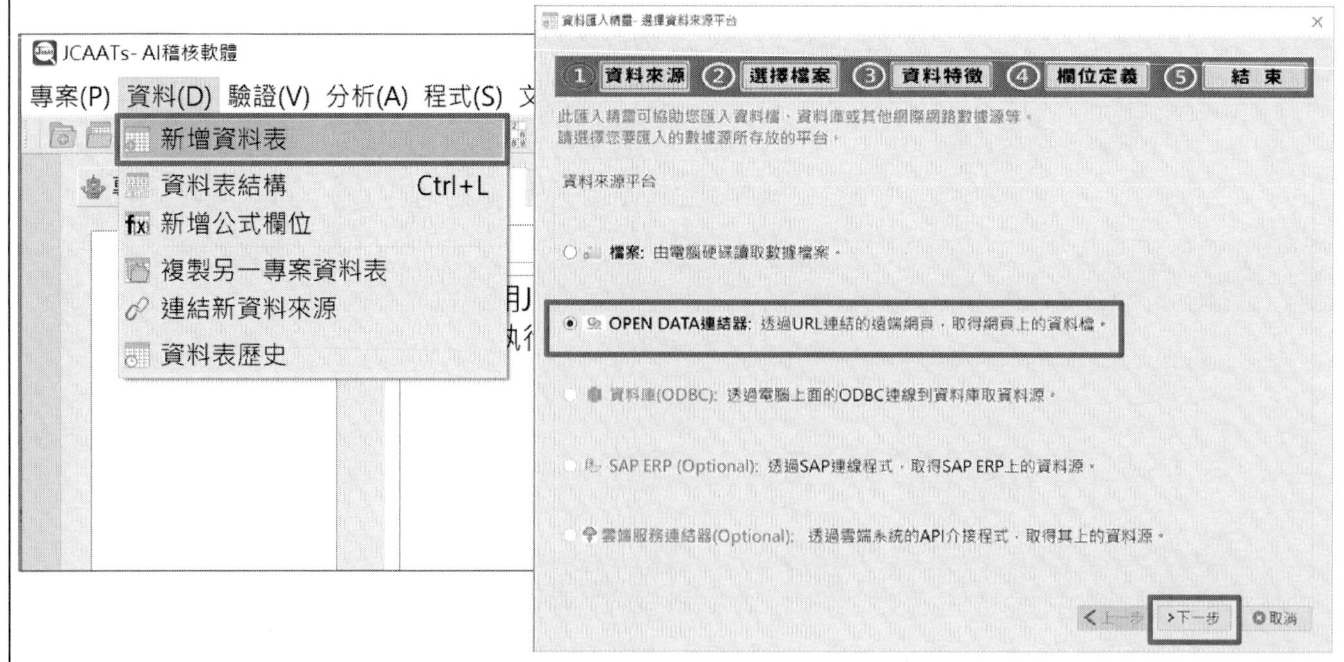

STEP 3：網頁網頁爬蟲—同類型檔案，貼上連結網址
STEP 4：選擇所需資料表

*網頁爬蟲-網頁內同類型檔案為JCAATs專業版專屬功能

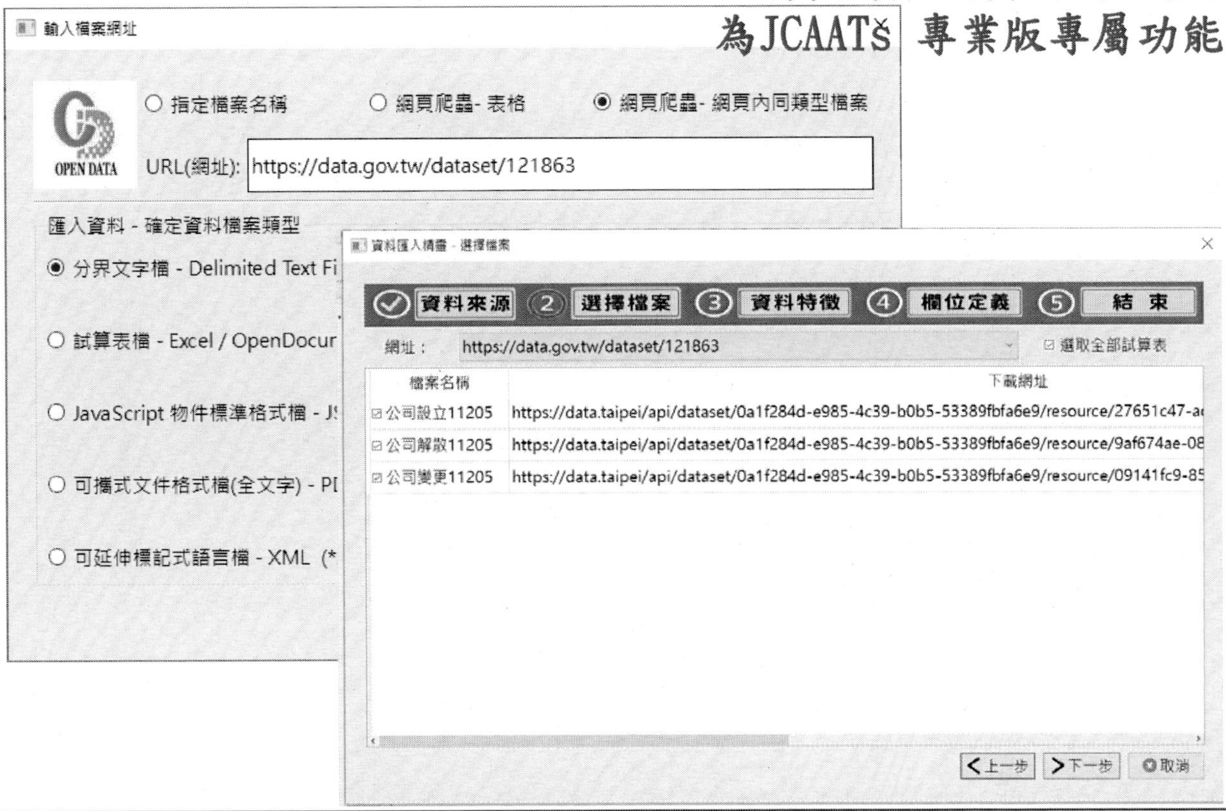

輸入檔案網址

OPEN DATA

○ 指定檔案名稱　○ 網頁爬蟲- 表格　◉ 網頁爬蟲- 網頁內同類型檔案

URL(網址): https://data.gov.tw/dataset/121863

匯入資料 - 確定資料檔案類型

◉ 分界文字檔 - Delimited Text Fi

○ 試算表檔 - Excel / OpenDocur

○ JavaScript 物件標準格式檔 - J

○ 可攜式文件格式檔(全文字) - PI

○ 可延伸標記式語言檔 - XML (*

資料匯入精靈 - 選擇檔案

資料來源　2 選擇檔案　3 資料特徵　4 欄位定義　5 結 束

網址： https://data.gov.tw/dataset/121863　☑ 選取全部試算表

檔案名稱	下載網址
☑ 公司設立11205	https://data.taipei/api/dataset/0a1f284d-e985-4c39-b0b5-53389fbfa6e9/resource/27651c47-a
☑ 公司解散11205	https://data.taipei/api/dataset/0a1f284d-e985-4c39-b0b5-53389fbfa6e9/resource/9af674ae-08
☑ 公司變更11205	https://data.taipei/api/dataset/0a1f284d-e985-4c39-b0b5-53389fbfa6e9/resource/09141fc9-85

<上一步　>下一步　取消

STEP 5：依據完成個資料表資料特徵與欄位定義

STEP 6:完成設定、解散與變更登記

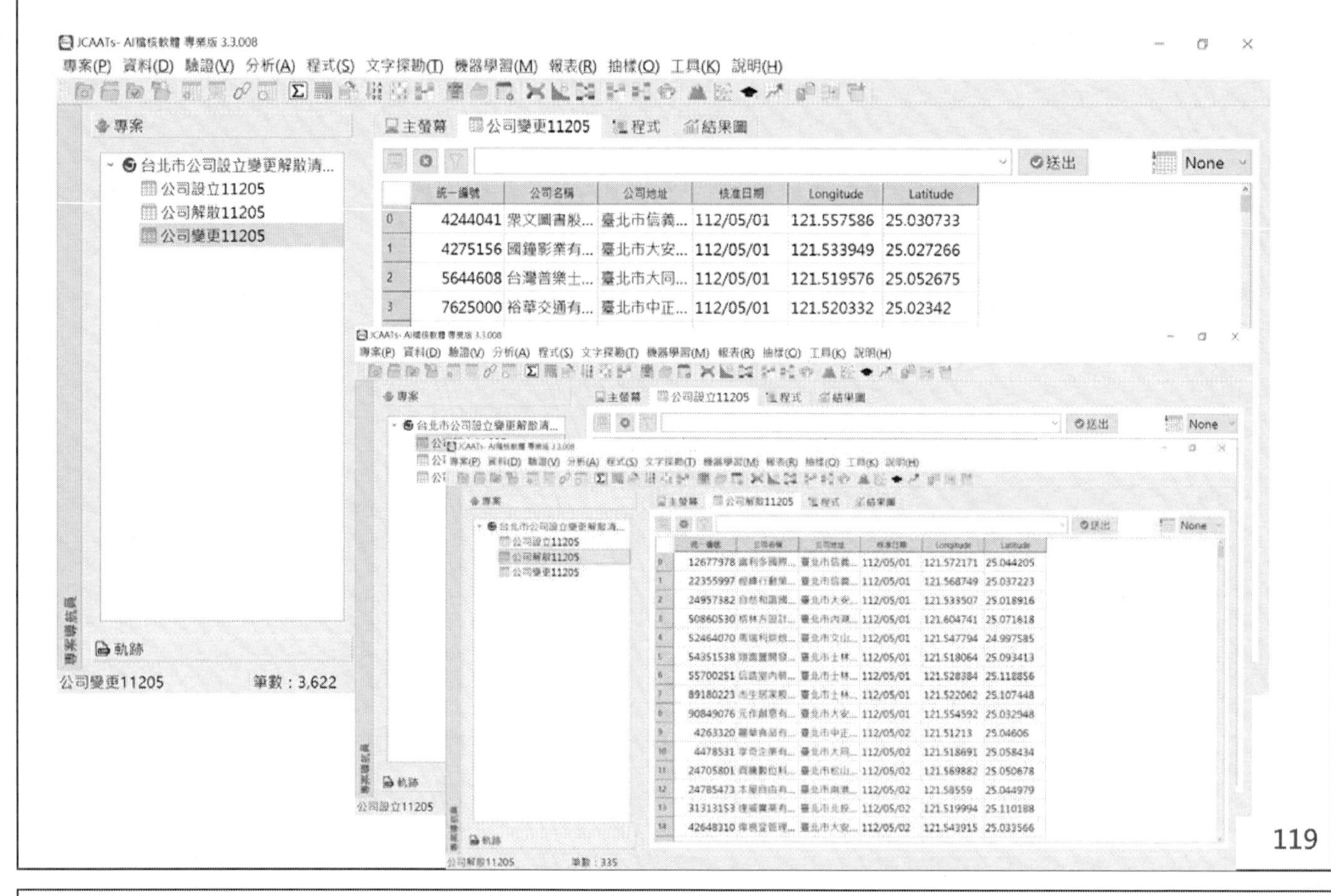

JCAATs- AI稽核軟體 專業版 3.3.008

專案(P) 資料(D) 驗證(V) 分析(A) 程式(S) 文字探勘(T) 機器學習(M) 報表(R) 抽樣(Q) 工具(K) 說明(H)

專案：台北市公司設立變更解散清... ／ 公司設立11205 ／ 公司解散11205 ／ 公司變更11205

主螢幕 ｜ 公司變更11205 ｜ 程式 ｜ 結果圖

	統一編號	公司名稱	公司地址	核准日期	Longitude	Latitude
0	4244041	眾文圖書股...	臺北市信義...	112/05/01	121.557586	25.030733
1	4275156	國鐘影業有...	臺北市大安...	112/05/01	121.533949	25.027266
2	5644608	台灣普樂士...	臺北市大同...	112/05/01	121.519576	25.052675
3	7625000	裕華交通有...	臺北市中正...	112/05/01	121.520332	25.02342

軌跡

公司變更11205　筆數：3,622

主螢幕 ｜ 公司設立11205 ｜ 程式 ｜ 結果圖

公司設立11205

主螢幕 ｜ 公司解散11205 ｜ 程式 ｜ 結果圖

	統一編號	公司名稱	公司地址	核准日期	Longitude	Latitude
0	12677978	[illegible]	臺北市信義...	112/05/01	121.572171	25.044205
1	22355997	[illegible]	臺北市信義...	112/05/01	121.568749	25.037223
2	24957382	[illegible]	臺北市大安...	112/05/01	121.533507	25.018916
3	50860530	[illegible]	臺北市內湖...	112/05/01	121.604741	25.071618
4	52464070	[illegible]	臺北市文山...	112/05/01	121.547794	24.997585
5	54351538	[illegible]	臺北市士林...	112/05/01	121.518064	25.093413
6	55700251	[illegible]	臺北市士林...	112/05/01	121.528384	25.118856
7	89180223	[illegible]	臺北市士林...	112/05/01	121.522062	25.107448
8	90849076	[illegible]	臺北市大安...	112/05/01	121.554592	25.032948
9	4263320	[illegible]	臺北市中正...	112/05/02	121.51213	25.04606
10	4478531	[illegible]	臺北市大同...	112/05/02	121.518691	25.058434
11	24705801	[illegible]	臺北市松山...	112/05/02	121.569882	25.050678
12	24785473	[illegible]	臺北市南港...	112/05/02	121.58559	25.044979
13	31313153	[illegible]	臺北市北投...	112/05/02	121.519994	25.110188
14	42648310	[illegible]	臺北市大安...	112/05/02	121.543915	25.033566

公司解散11205　筆數：335

| AI Audit Expert

實務案例上機演練(八)：拒往供應商異常查核

善用OPEN DATA提升查核效率

以供應商主檔比對拒往廠商名單，
避免與有問題廠商往來，衍生相關風險為例

智能稽核專案步驟與程序

➢ 可透過JCAATs AI稽核軟體，有效完成專案，包含以下六個階段：

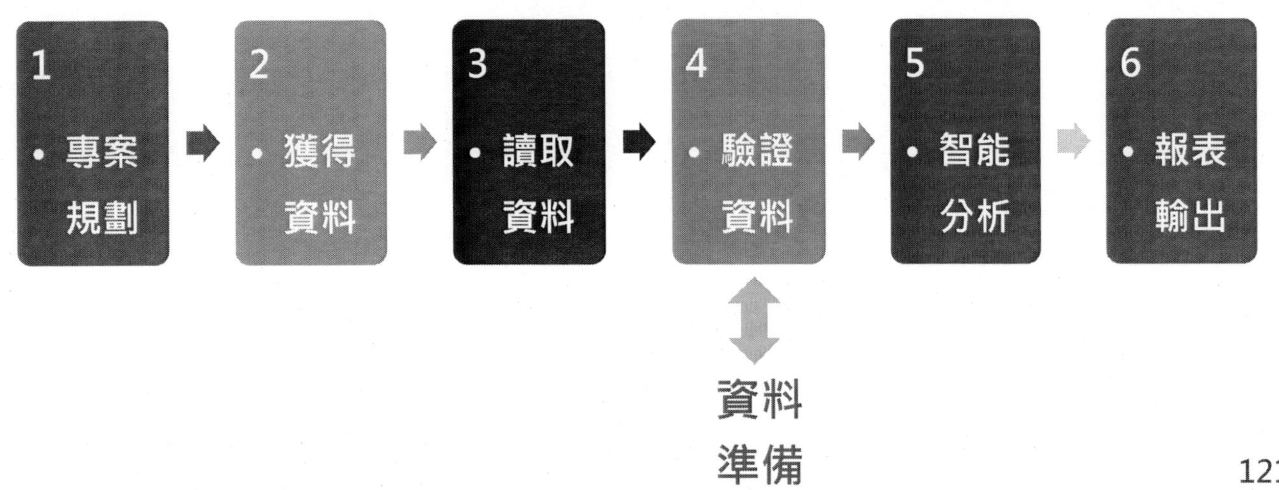

JCAATs指令說明—JOIN

在JCAATs系統中，提供使用者可以運用比對(Join)、勾稽(Relations)、和合併(Merge)……等指令"，可結合兩個或兩個以上的資料檔案，並成第三個檔案進行資料查核分析。

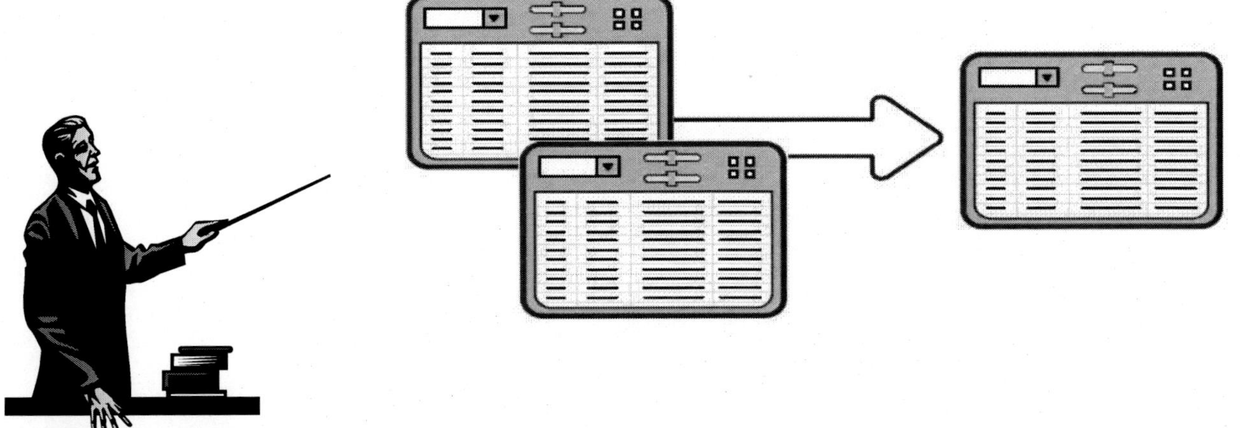

比對(Join)的運用

- 此指令是將二個資料表依**鍵值欄位**與所選擇的條件**聯結成一個新資料表**
- 當在進行合併運算時，由於包含二個資料表，先開啟的資料表稱為**主表**(primary)，第二個檔案稱為**次表**(secondary)
  - 使用Join時請注意，哪一個表格是主要檔，哪一個是次要檔。
- 使用Join指令可從兩個資料表中結合欄位到第三個資料表。要特別注意，任意兩個欲建立關聯或聯結的資料表必須有個能夠辨認的特徵欄位，這個欄位稱為**鍵值欄位**

可同時使用多個資料表進行分析:

- Join指令: 比對
  - 比對『兩個排序』檔案的欄位成為第三個檔案。
- Relations指令: 勾稽
  - 『兩個或更多個檔案』間建立關聯，大部分功能可以用勾稽指令來執行且速度更快與更容易。

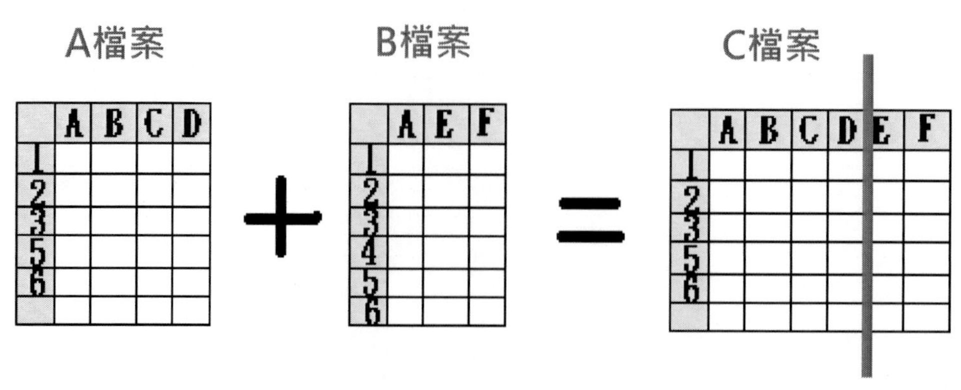

比對 (Join)指令使用步驟

1. 決定比對之目的
2. 辨別比對兩個檔案資料表，主表與次表
3. 要比對檔案資料須屬於同一個JCAATS專案中。
4. 兩個檔案中需有共同特徵欄位/鍵值欄位
(例如：員工編號、身份證號)。
5. 特徵欄位中的資料型態、長度需要一致。
6. 選擇比對(Join)類別:
   A. Matched Primary with the first Secondary
   B. Matched All Primary with the first Secondary
   C. Matched All Secondary with the first Primary
   D. Matched All Primary and Secondary with the first
   E. Unmatched Primary
   F. Many to Many

Join的六種分析狀況

◆ 分為對六種狀況：

- 狀況一：僅保留對應成功的資料。
(Matched Primary and Secondary 1st Secondary Match)
- 狀況二：保留未對應成功的主要檔資料。
(Unmatched Primary)
- 狀況三：僅保留對應成功與主要檔中未對應成功的資料。
(All Primary and Matched Secondary)
- 狀況四：僅保留對應成功與次要檔中未對應成功的資料。
(All Secondary and Matched Primary)
- 狀況五：保留所有對應成功與未對應成功的主檔與次檔資料。
(All Primary and Secondary)
- 狀況六: 保留對應成功的所有次要檔資料
(Matched Primary and Secondary All Secondary Matchs)

專案規劃

查核項目	供應商管理作業	存放檔名	**拒往供應商異常查核**
查核目標	查核公司供應商管理是否有落實進行盡職調查，避免與有問題廠商往來，衍生相關風險為例。		
查核說明	定期下載分析政府公告資料(OPEN DATA)，並檢核已建檔供應商是否有為政府公告拒往黑名單之異常情況。		
查核程式	1.政府公告拒往名單異常分析:下載公告資料進行分類分析 2.供應商主檔拒往廠商異常查核:將供應商主檔比對外部公告拒往廠商名單，列出有比對到之廠商清單，以利後續深入追查是否有異常情事。 3.供應商主檔拒往廠商異常查核:將採購資料比對外部公告拒往名單，找出跟拒往名單往來之異常交易，分析是否有需要深入追查者。		
資料檔案	SAP ERP: 供應商主檔(LFA1) OPEN DATA: 拒絕往來名單 政府電子採購網公告(https://web.pcc.gov.tw/pis/)		
所需欄位	請詳後附件明細表		

供應商主檔 (LFA1)

開始欄位	長度	欄位名稱	意義	型態	備註
1	22	LIFNR	廠商代號	C	
23	64	NAME1	廠商名稱	C	
87	16	STENR	統一編號	C	
103	6	ERNAM	建立者	C	
109	6	PSTLZ	郵遞區號	C	
115	6	ORT01	縣市	C	
121	6	ORT02	鄉鎮市區	C	
127	28	STRAS	廠商地址	C	
155	20	TELF1	電話	C	
175	20	TELFX	傳真	C	
195	38	QSSYSDAT	評核有效期限	D	YYYY/MM/DD
233	38	REVDB	外部信用複查日	D	YYYY/MM/DD

- C：表示字串欄位　　**※資料筆數：100,013**
- D：表示日期欄位

拒絕往來名單

開始欄位	長度	欄位名稱	意義	型態	備註
1	20	廠商代碼	廠商代碼	C	
21	54	標案案號	標案案號	C	
75	34	廠商名稱	廠商名稱	C	
109	100	廠商國別	廠商國別	C	
209	64	刊登機關名稱	刊登機關名稱	C	
273	26	刊登機關代碼	刊登機關代碼	C	
299	48	機關地址	機關地址	C	
347	90	聯絡人	聯絡人	C	
⋮					

※資料筆數：1677

完成資料表的資料表格式與來源資料檔的連結

	序號	統一編號	公司名稱	公司所在地	代表人	資本額	核准設立日期	核准解散日期
0	1	00686353	運昇船務代...	臺北市中山...	nan	20000000	0651208	1100104
1	2	03221766	法蝶國際開...	臺北市中山...	nan	42000000	0610418	1100113
2	3	03466608	新和興股份...	臺北市中正...	nan	5100000	0520905	1100119
3	4	03607207	鴻豐綢緞呢...	臺北市大同...	nan	3200000	0521212	1100112
4	5	04609484	日發汽車水...	臺北市中山...	nan	4000000	0621127	1100111
5	6	04662852	凱進有限公...	臺北市大安...	nan	8000000	0661212	1100120
6	7	04686545	興華電子工...	新北市中和...	nan	49998800	0620301	1100108
7	8	04690533	衛保興業有...	高雄市楠梓...	nan	20000000	0620809	1091231
8	9	04750004	儀昌家具裝...	臺北市松山...	nan	29000000	0650406	1100106
9	10	04809342	宏碩實業有...	臺北市南港...	nan	3000000	0691101	1100126
10	11	04822719	興霖實業股...	臺北市南港...	nan	20000000	0690219	1100122

共1,677筆資料

稽核資料倉儲: 資料來源

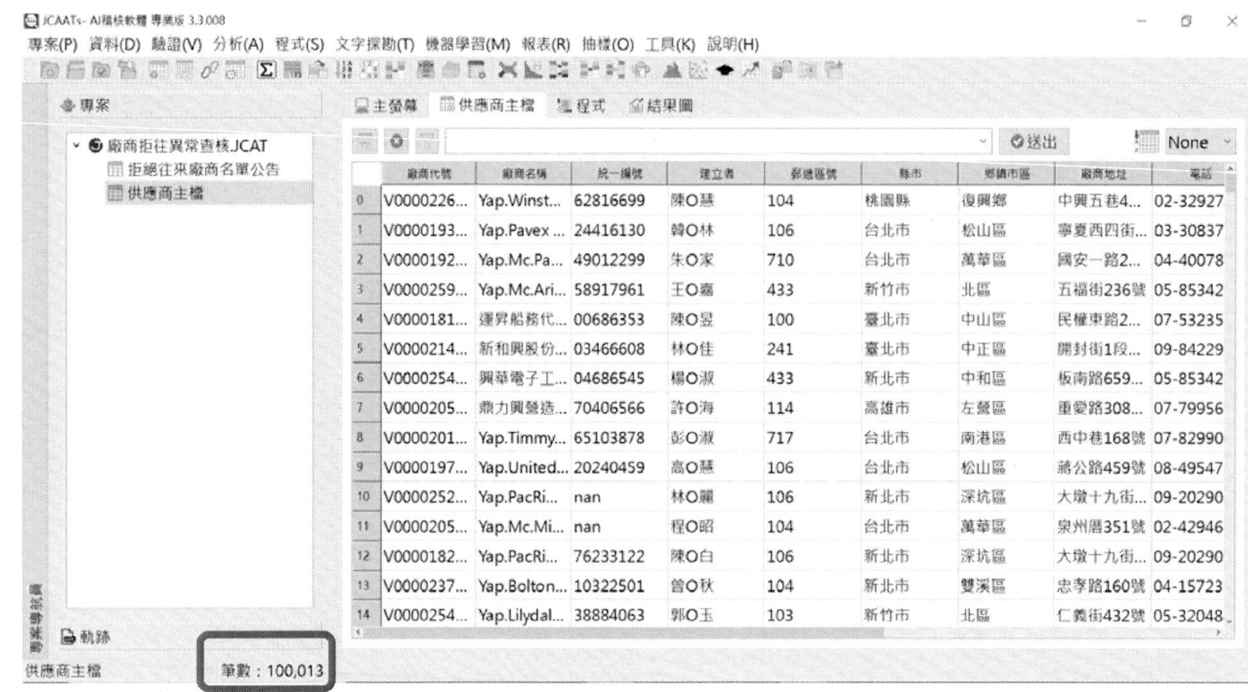

	廠商代號	廠商名稱	統一編號	建立者	郵遞區號	縣市	鄉鎮市區	廠商地址	電話
0	V0000226...	Yap.Winst...	62816699	陳O慧	104	桃園縣	復興鄉	中興五巷4...	02-32927
1	V0000193...	Yap.Pavex ...	24416130	韓O林	106	台北市	松山區	寧夏西四街...	03-30837
2	V0000192...	Yap.Mc.Pa...	49012299	朱O家	710	台北市	萬華區	國安一路2...	04-40078
3	V0000259...	Yap.Mc.Ari...	58917961	王O嘉	433	新竹市	北區	五福街236號	05-85342
4	V0000181...	運昇船務代...	00686353	陳O昱	100	臺北市	中山區	民權東路2...	07-53235
5	V0000214...	新和興股份...	03466608	林O佳	241	臺北市	中正區	開封街1段...	09-84229
6	V0000254...	興華電子工...	04686545	楊O淑	433	新北市	中和區	板南路659...	05-85342
7	V0000205...	鼎力興發造...	70406566	許O海	114	高雄市	左營區	重愛路308...	07-79956
8	V0000201...	Yap.Timmy...	65103878	彭O淑	717	台北市	南港區	西中巷168號	07-82990
9	V0000197...	Yap.United...	20240459	高O慧	106	台北市	松山區	將公路459號	08-49547
10	V0000252...	Yap.PacRi...	nan	林O麗	106	新北市	深坑區	大墩十九街...	09-20290
11	V0000205...	Yap.Mc.Mi...	nan	程O昭	104	台北市	萬華區	泉州厝351號	02-42946
12	V0000182...	Yap.PacRi...	76233122	陳O白	106	新北市	深坑區	大墩十九街...	09-20290
13	V0000237...	Yap.Bolton...	10322501	曾O秋	104	新北市	雙溪區	忠孝路160號	04-15723
14	V0000254...	Yap.Lilydal...	38884063	郭O玉	103	新竹市	北區	仁義街432號	05-32048

共100,013筆資料

拒往供應商清單稽核流程圖

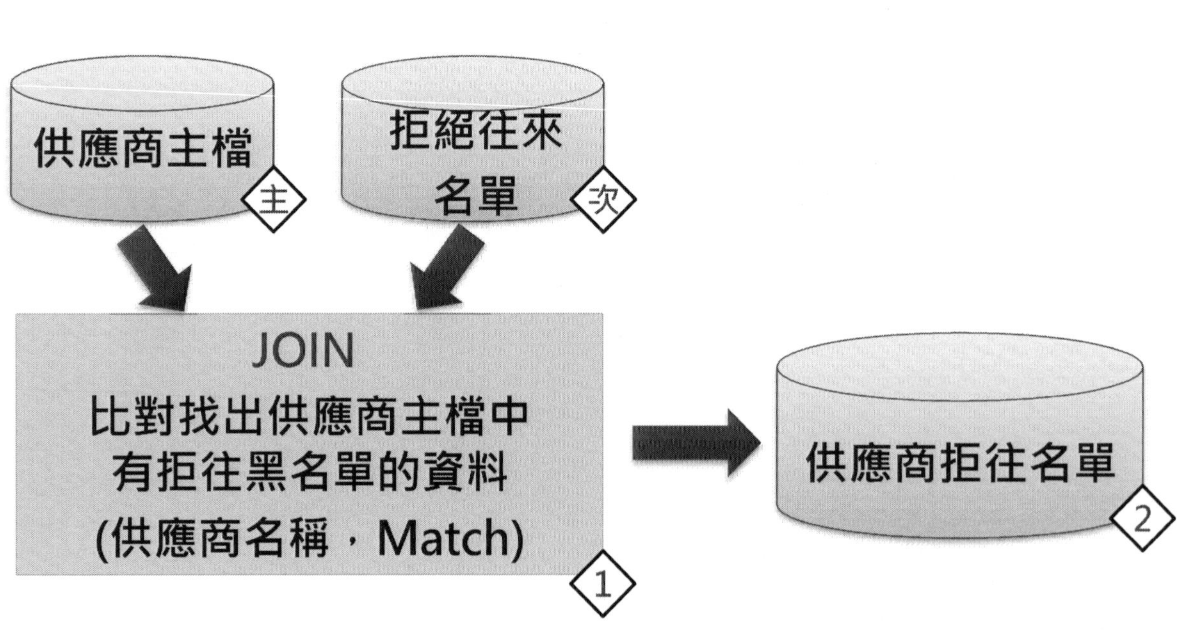

分析資料 –比對 Join

- 分析->選取比對指令
- **條件設定:**
  1.主表:供應商主檔
  2.次表:拒絕往來廠商名單公告
  3.主表與次表關鍵欄位:
以**廠商名稱**為兩表之關聯鍵
  4.主表顯示欄位→全選
  5.次表顯示欄位→
    拒絕往來生效日
    拒絕往來截止日
- **輸出設定**→比對類型選擇
  Matched Primary with the 1st Secondary
- 輸出至資料表檔名為:
  「供應商拒往名單」

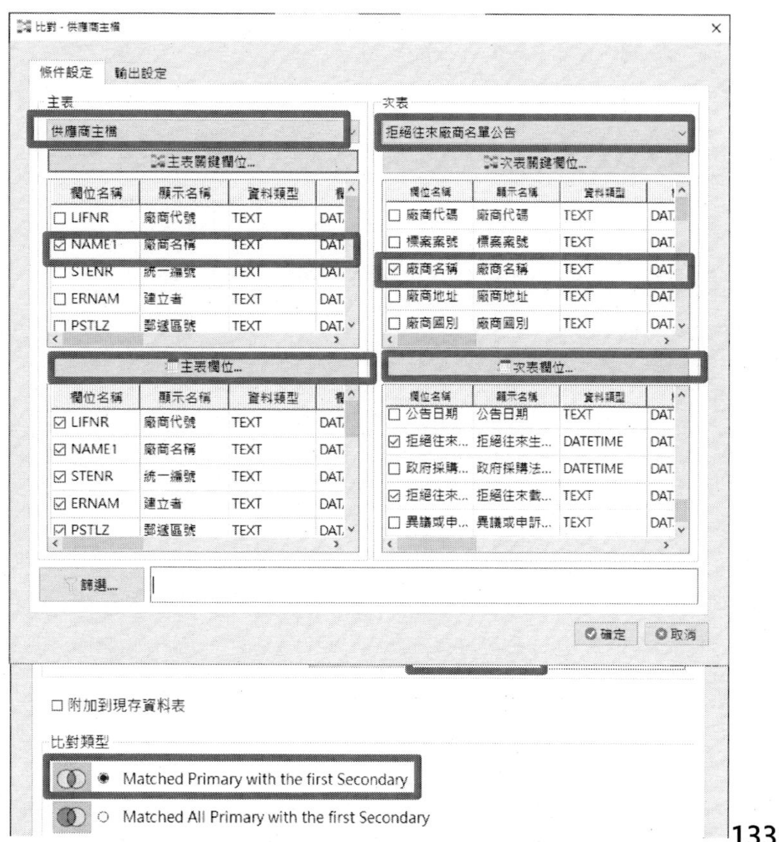

分析資料 – Join結果畫面

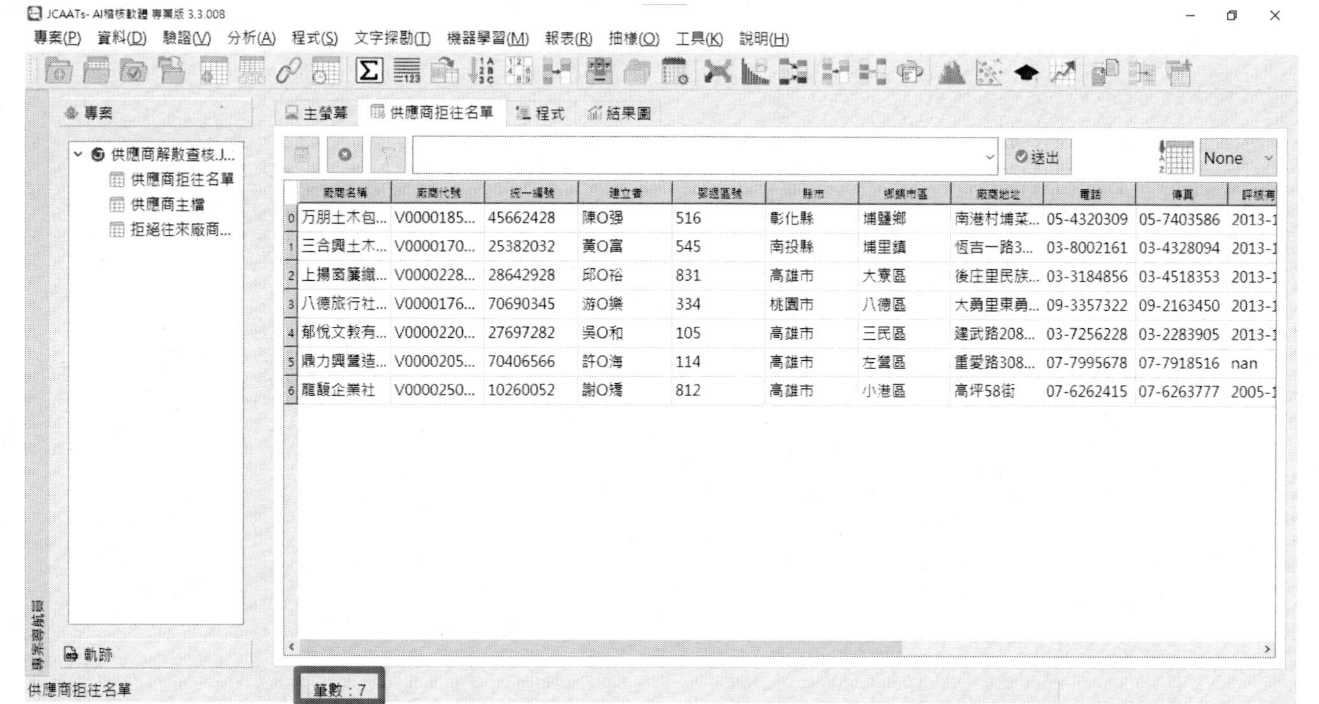

	廠商名稱	廠商代號	統一編號	建立者	郵遞區號	縣市	鄉鎮市區	廠商地址	電話	傳真	評核有
0	万朋土木包...	V0000185...	45662428	陳O强	516	彰化縣	埔鹽鄉	南港村埔菜...	05-4320309	05-7403586	2013-1
1	三合興土木...	V0000170...	25382032	黃O富	545	南投縣	埔里鎮	恆吉一路3...	03-8002161	03-4328094	2013-1
2	上揚窗簾織...	V0000228...	28642928	邱O裕	831	高雄市	大寮區	後庄里民族...	03-3184856	03-4518353	2013-1
3	八德旅行社...	V0000176...	70690345	游O樂	334	桃園市	八德區	大勇里東勇...	09-3357322	09-2163450	2013-1
4	郁悅文教有...	V0000220...	27697282	吳O和	105	高雄市	三民區	建武路208...	03-7256228	03-2283905	2013-1
5	鼎力興營造...	V0000205...	70406566	許O海	114	高雄市	左營區	重愛路308...	07-7995678	07-7918516	nan
6	龍馥企業社	V0000250...	10260052	謝O矯	812	高雄市	小港區	高坪58街	07-6262415	07-6263777	2005-1

共7筆嫌疑資料

善用OPEN DATA提升稽核效率案例:

1.食品添加物業者:
https://data.gov.tw/dataset/9816

2.政府核可的廢棄物處理廠商資料表：
https://waste.epa.gov.tw/RWD/

3.水污染源許可及申報資料：
https://data.epa.gov.tw/dataset/detail/EMS_S_03

4.環境工程技士執照資料表：
https://eric.epa.gov.tw/Peeportal/Pee.aspx

可比對供應商主檔及交易檔，確認是否為合格供應商

5.行政院農委會農產品產地價格查報系統
https://apis.afa.gov.tw/pagepub/AppContentPage.aspx?itemNo=PRR250

6.市場價格參考：光華商場
http://www.arclink.com.tw/pc/pc_4.html

可比對外部公告價格，分析採購價格是否與市價有重大偏離

查核步驟與應用說明範例:

查核目標一:合格添加物廠商查核

查核步驟:

1.比對廠商進貨檔案與公告之添加物廠商名單

2.將無法對應者列出，以利進行深入查核確定是否為合格廠商。

查核目標二:查核添加物廠商是否具有正確添加物核許資格

查核步驟:

1.以添加物進貨明細檔之廠商統編+商品名稱比對(unmatch)比對公告資料之合格廠商名單，將不合格者列出。

2.針對未對應之異常清單，進行廠商統編+分類，再比對(unmatch)一次，列出剩下之異常。

3.將以上未對應之異常清單，進行廠商統編比對(unmatch)，列出異常清單。

查核案例與分享:食品添加合規性查核

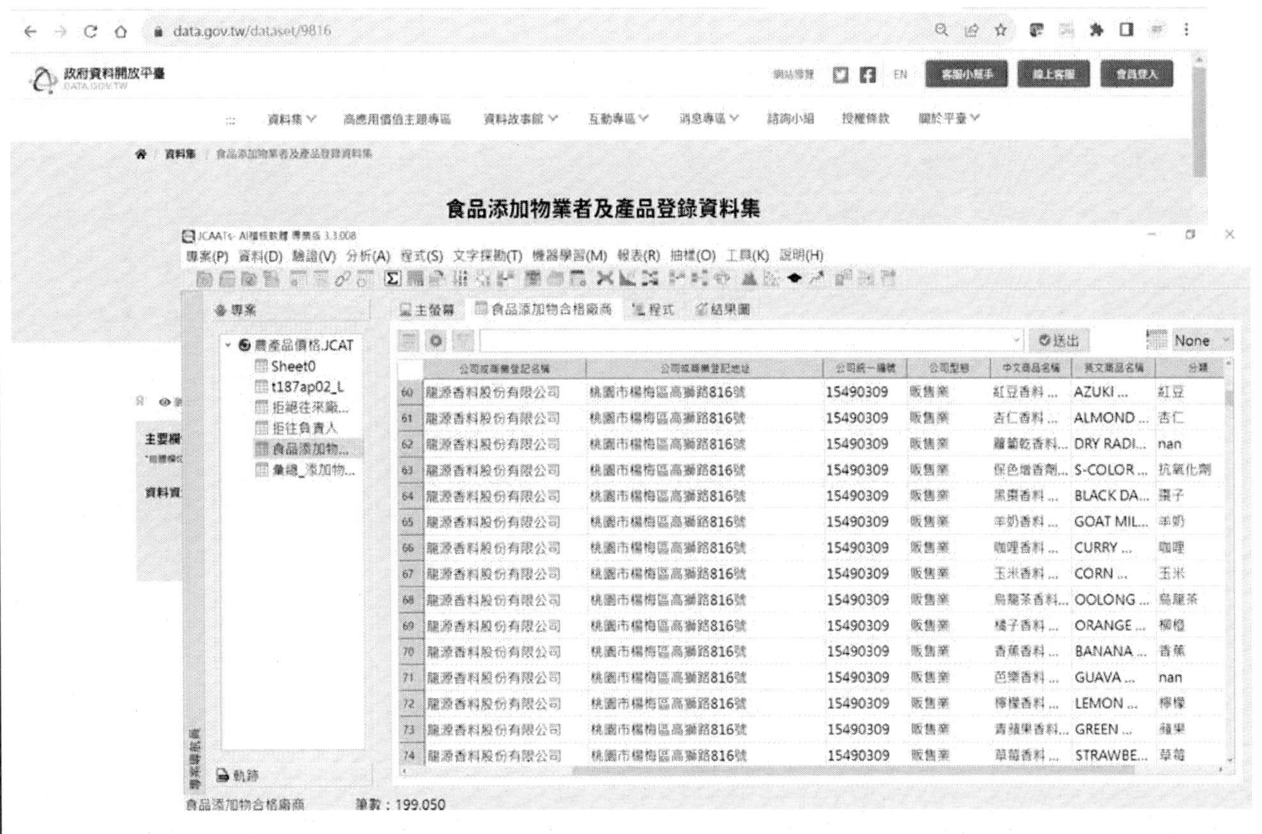

data.gov.tw/dataset/9816
政府資料開放平臺
資料集 高應用價值主題專區 資料故事館 互動專區 消息專區 諮詢小組 授權條款 關於平臺
食品添加物業者及產品登錄資料集
專案(P) 資料(D) 驗證(V) 分析(A) 程式(S) 文字探勘(T) 機器學習(M) 報表(R) 抽樣(O) 工具(K) 說明(H)
專案
農產品價格.JCAT
Sheet0
t187ap02_L
拒絕往來廠...
拒往負責人
食品添加物...
彙總_添加物...
軌跡
主發幕
食品添加物合格廠商
程式
結果圖
送出
None
60 龍源香料股份有限公司 桃園市楊梅區高獅路816號 15490309 販售業 紅豆香料 ... AZUKI ... 紅豆
61 龍源香料股份有限公司 桃園市楊梅區高獅路816號 15490309 販售業 杏仁香料 ... ALMOND ... 杏仁
62 龍源香料股份有限公司 桃園市楊梅區高獅路816號 15490309 販售業 蘿蔔乾香料... DRY RADI... nan
63 龍源香料股份有限公司 桃園市楊梅區高獅路816號 15490309 販售業 保色增香劑... S-COLOR ... 抗氧化劑
64 龍源香料股份有限公司 桃園市楊梅區高獅路816號 15490309 販售業 黑棗香料 ... BLACK DA... 棗子
65 龍源香料股份有限公司 桃園市楊梅區高獅路816號 15490309 販售業 羊奶香料 ... GOAT MIL... 羊奶
66 龍源香料股份有限公司 桃園市楊梅區高獅路816號 15490309 販售業 咖哩香料 ... CURRY ... 咖哩
67 龍源香料股份有限公司 桃園市楊梅區高獅路816號 15490309 販售業 玉米香料 ... CORN ... 玉米
68 龍源香料股份有限公司 桃園市楊梅區高獅路816號 15490309 販售業 烏龍茶香料... OOLONG ... 烏龍茶
69 龍源香料股份有限公司 桃園市楊梅區高獅路816號 15490309 販售業 橘子香料 ... ORANGE ... 柳橙
70 龍源香料股份有限公司 桃園市楊梅區高獅路816號 15490309 販售業 香蕉香料 ... BANANA ... 香蕉
71 龍源香料股份有限公司 桃園市楊梅區高獅路816號 15490309 販售業 芭樂香料 ... GUAVA ... nan
72 龍源香料股份有限公司 桃園市楊梅區高獅路816號 15490309 販售業 檸檬香料 ... LEMON ... 檸檬
73 龍源香料股份有限公司 桃園市楊梅區高獅路816號 15490309 販售業 青蘋果香料... GREEN ... 蘋果
74 龍源香料股份有限公司 桃園市楊梅區高獅路816號 15490309 販售業 草莓香料 ... STRAWBE... 草莓
食品添加物合格廠商 筆數：199,050

查核案例與分享:公司解散登記

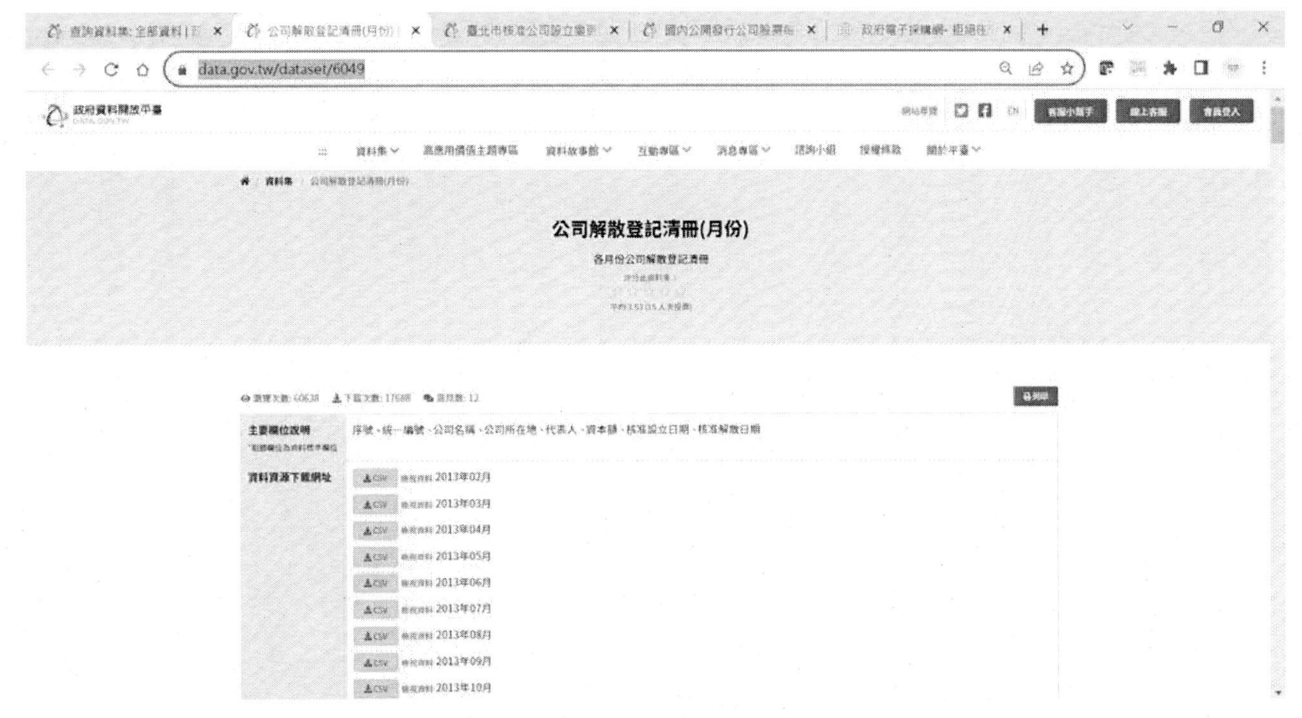

https://data.gov.tw/dataset/6049

公司解散登記合併結果

	序號	統一編號	公司名稱	公司所在地
27	28	12635083	北辰投資有限公司	新北市新店區安德街71巷12號4樓
28	29	12649988	湯偉有限公司	臺南市永康區西勢里富強路二段19巷14弄18號1樓
29	30	12650252	立輝投資股份有限公司	新北市中和區景平路六六六號二樓
30	31	12655735	鴻賓國際資訊有限公司	新北市蘆洲區民義街101巷17號2樓
31	32	12671524	如憶有限公司	臺北市內湖區瑞光路478巷18弄32號8樓
32	33	12684078	弘逸電子有限公司	臺北市文山區景後街97號3樓之2
33	34	12695835	創世達實業有限公司	新北市永和區保生路5巷1號13樓
34	35	12701908	永富電腦有限公司	高雄市大寮區鳳屏一路314號
35	36	12710505	七七文化事業有限公司	臺中市西屯區漢成三街4號
36	37	12710646	泉記電機有限公司	桃園縣平鎮市湧光里南豐路133巷4號
37	38	12745407	群瓏企業管理顧問有限公司	桃園縣中壢市新興里林森路一七八之一號二樓
38	39	12767041	伊諾飛運動器材國際股份有限...	新竹市榮濱路48巷10弄22號
39	40	12774900	菁樺化粧品有限公司	臺中市北區頂厝里進化北路238號9樓之1
40	41	12785842	期富實業有限公司	高雄市梓官區梓官路城隍巷三〇號一樓
41	42	12789018	崩碩科技企業有限公司	桃園縣桃園市東門里中興街1號1樓

ICAEA國際電腦稽核教育協會簡介

ICAEA(International Computer Auditing Education Association)國際電腦稽核教育協會，總部設於**電腦稽核軟體發源地-加拿大溫哥華地區**的非營利性的國際組織。

ICAEA國際電腦稽核教育協會是最早以強化財會領域背景人士資訊科技職能的專業發展教育協會,其提供一系列以實務為導向的課程與專業證照,讓學員可以有效提升其data sharing, data analytics, data mining, data reporting and storage within and across organizations 的能力.

電腦輔助稽核工作應用學習Road Map

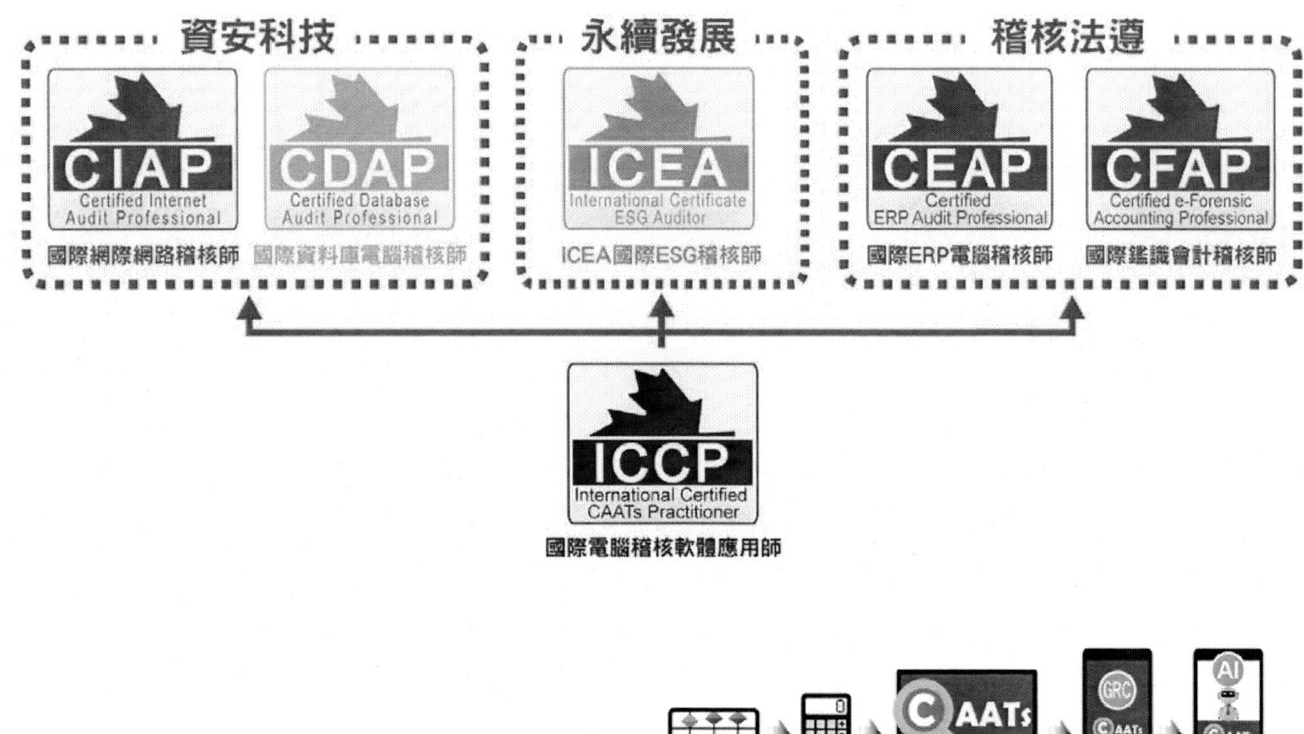

持續性稽核及持續性監控管理架構

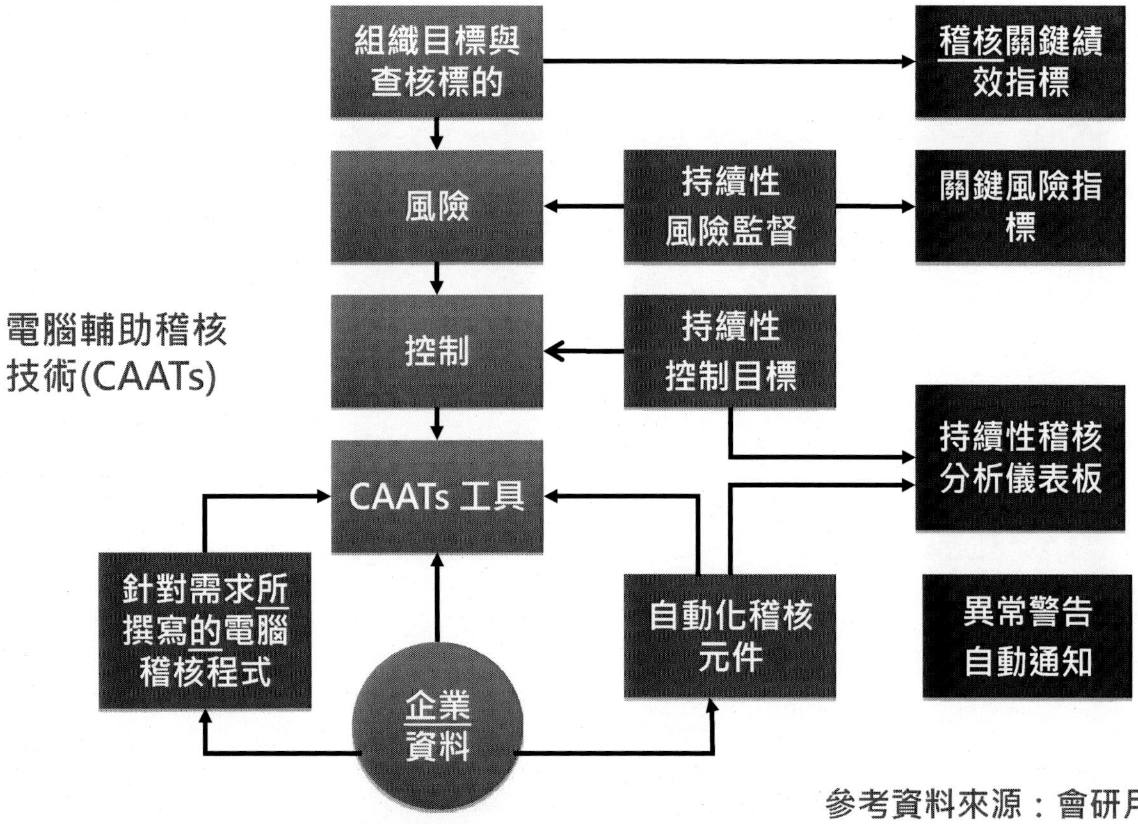

組織目標與查核標的

稽核關鍵績效指標

風險

持續性風險監督

關鍵風險指標

電腦輔助稽核技術(CAATs)

控制

持續性控制目標

持續性稽核分析儀表板

CAATs 工具

針對需求所撰寫的電腦稽核程式

自動化稽核元件

異常警告自動通知

企業資料

參考資料來源：會研月刊

如何建立JCAATs專案持續稽核

- 持續性稽核專案進行六步驟：

1 • 資料 ➡ 2 • 程式 ➡ 3 • 設定 ➡ 4 • 排程 ➡ 5 • 執行 ➡ 6 • 通知

▲稽核自動化：

- 電腦稽核主機 - 一天可以工作24 小時

建置持續性稽核APP的基本要件

- 將手動操作分析改為自動化稽核
  - –將專案查核過程轉為JCAATs Script
  - –確認資料下載方式及資料存放路徑
  - –JCAATs Script修改與測試
  - –設定排程時間自動執行
- 使用持續性稽核平台
  - –包裝元件
  - –掛載於平台
  - –設定執行頻率

JTK 持續性電腦稽核管理平台

開發稽核自動化元件 經濟部發明專利第 I 380230號 稽核結果E-mail 通知

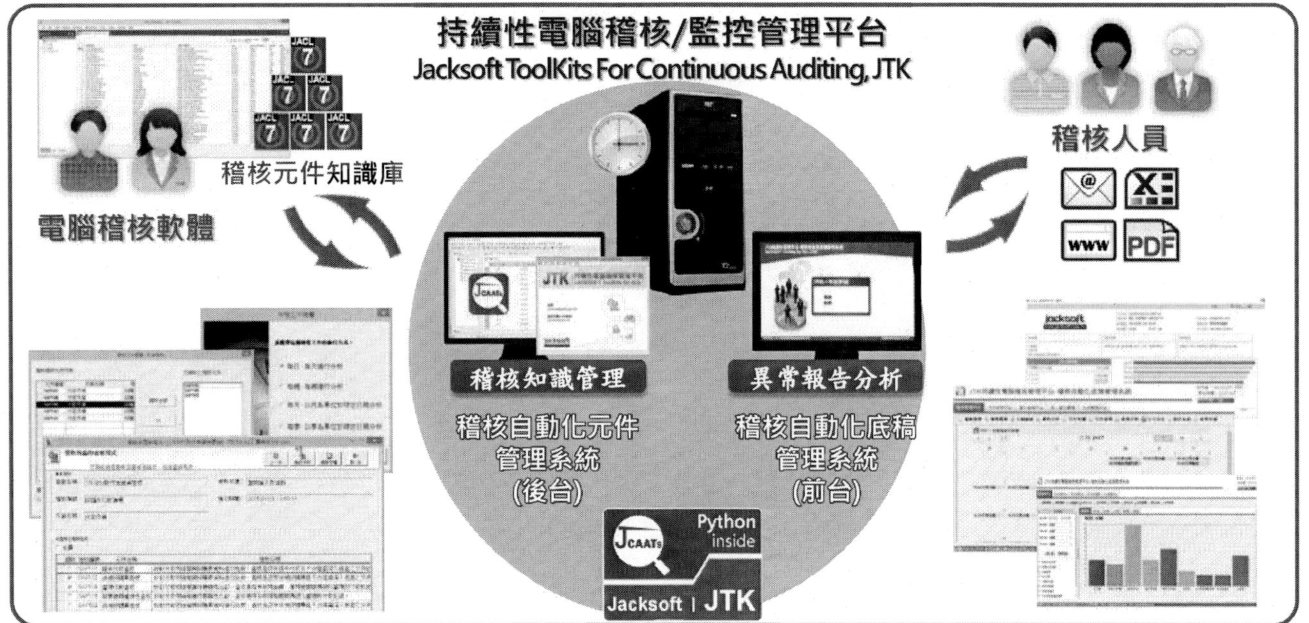

稽核自動化元件管理 稽核自動化底稿管理與分享

■稽核自動化：電腦稽核主機
一天24小時一周七天的為我們工作。

JTK | Jacksoft ToolKits For Continuous Auditing
The continuous auditing platform

JTK持續性稽核平台儀表板

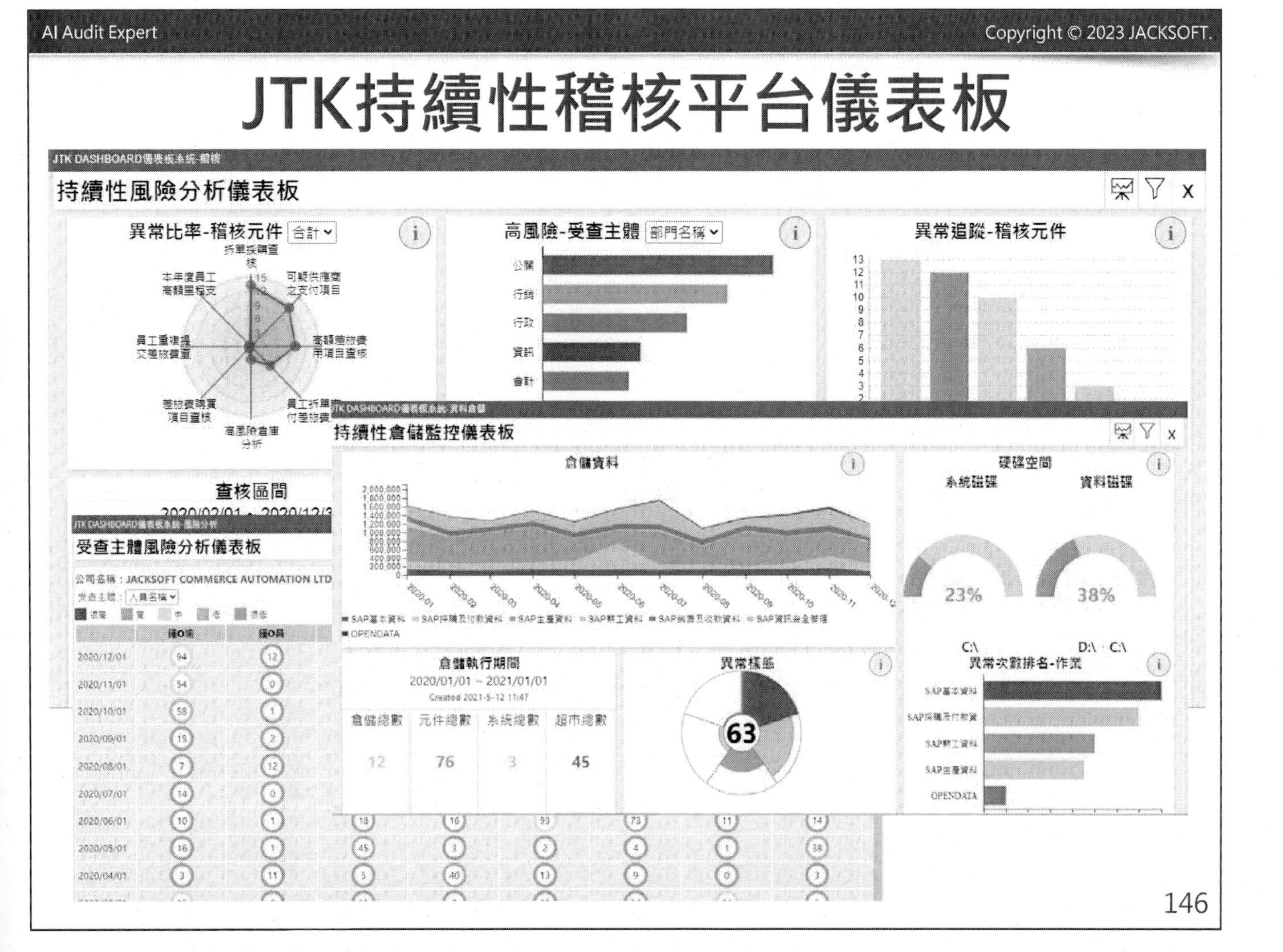

JTK DASHBOARD儀表板系統-稽核

持續性風險分析儀表板

異常比率-稽核元件 合計

高風險-受查主體 部門名稱

公關
行銷
行政
資訊
會計

異常追蹤-稽核元件

查核區間

JTK DASHBOARD儀表板系統-風險分析

受查主體風險分析儀表板

公司名稱：JACKSOFT COMMERCE AUTOMATION LTD

	稽O項	稽O局						
2020/12/01	94	12						
2020/11/01	54	0						
2020/10/01	58	1						
2020/09/01	15	2						
2020/08/01	7	12						
2020/07/01	14	0						
2020/06/01	10	1	18	16	93	73	11	14
2020/05/01	16	1	45	3	2	4	1	38
2020/04/01	3	11	5	40	13	9	0	3

JTK DASHBOARD儀表板系統-資料倉儲

持續性倉儲監控儀表板

倉儲資料

硬碟空間

系統磁碟 資料磁碟

23% 38%

C:\ D:\、C:\

倉儲執行期間
2020/01/01 ~ 2021/01/01

倉儲總數	元件總數	系統總數	超市總數
12	76	3	45

異常樣態

63

異常次數排名-作業

SAP基本資料
SAP採購及付款資料
SAP薪工資料
SAP生產資料
OPENDATA

AI智慧化稽核流程

~透過最新AI稽核技術建構內控三道防線的有效防禦，
協助內部稽核由事後稽核走向事前稽核~

事後稽核

查核規劃
- 訂定系統查核範圍，決定取得及讀取資料方式

程式設計
- 資料完整性驗證，資料分析稽核程序設計

執行查核
- 執行自動化稽核程式

結果報告
- 自動產生稽核報告

事前稽核

學習資料
- 建立學習資料

機器學習
- 執行訓練

預測分析
- 執行預測

成果評估
- 預測結果評估

監督式機器學習　　非監督式機器學習

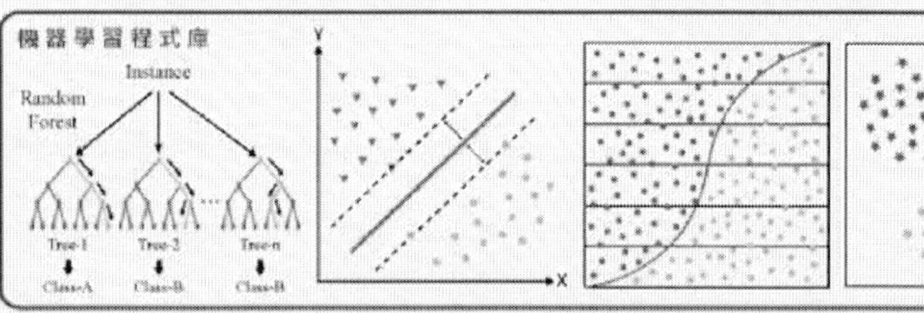

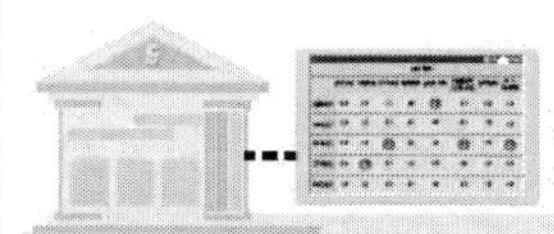

持續性稽核與持續性機器學習
協助作業風險預估開發步驟

專業級證照- ICCP

國際電腦稽核軟體應用師(專業級)

International Certified CAATs Practitioner

CAATs
-Computer-Assisted Audit Technique

強調在電腦稽核輔助工具使用的職能建立

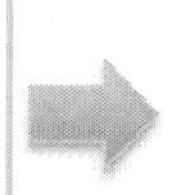

職能	說明
目的	證明稽核人員有使用電腦稽核軟體工具的專業能力。
學科	電腦審計、個人電腦應用
術科	CAATs 工具

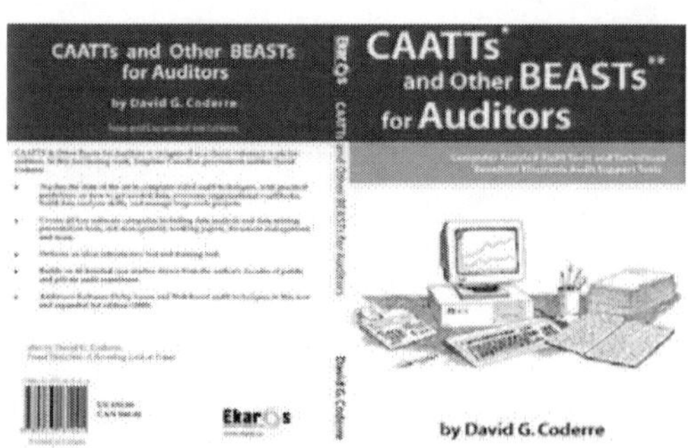

ICCP申請資格

- 申請本證照沒有專業服務年資限制。
- 通過ICAEA協會認可的認證考試或雙聯證照(Dual-Certificate)模式的認證考試。
- 同意遵守 ICAEA的專業倫理與實務守則。
- 同意遵守ICAEA持續專業進修政策(CPE)與完成專業等級(Practitioner)證照的進修時數。

※所有的ICAEA證照成員必須在一年內完成規定的教育訓練時數

專業級(Practitioner)的證照:每年須完成至少12小時的持續進修。

歡迎加入 法遵科技 Line 群組

~免費取得更多電腦稽核應用學習資訊~

法遵科技知識群組

有任何問題，歡迎洽詢 JACKSOFT
將會有專人為您服務

官方Line：@709hvurz

參考文獻

1. 黃秀鳳，2023，JCAATs 資料分析與智能稽核，ISBN9789869895996

2. 黃士銘，2022，ACL 資料分析與電腦稽核教戰手冊(第八版)，全華圖書股份有限公司出版，ISBN 9786263281691

3. 黃士銘、嚴紀中、阮金聲等著(2013)，電腦稽核－理論與實務應用(第二版)，全華科技圖書股份有限公司出版。

4. 黃士銘、黃秀鳳、周玲儀，2013，海量資料時代，稽核資料倉儲建立與應用新挑戰，會計研究月刊，第 337 期，124-129 頁。

5. 黃士銘、周玲儀、黃秀鳳，2013，"稽核自動化的發展趨勢"，會計研究月刊，第 326 期。

6. 黃秀鳳，2011，JOIN 資料比對分析-查核未授權之假交易分析活動報導，稽核自動化第 013 期，ISSN:2075-0315。
7. 2023，中時新聞網，"7 銀行員變詐團共犯？ 聯 O 銀爆內鬼詐騙數千萬 手法曝光" https://www.chinatimes.com/realtimenews/20230710004949-260402?chdtv
8. 2023，Office of Foreign Assets Control，"Specially Designated Nationals And Blocked Persons List (SDN) Human Readable Lists" https://home.treasury.gov/policy-issues/financial-sanctions/specially-designated-nationals-list-data-formats-data-schemas
9. 2023，Office of Foreign Assets Control，"Specially Designated Nationals List - Data Formats & Data Schemas" https://ofac.treasury.gov/specially-designated-nationals-list-data-formats-data-schemas
10. 2023，內政部警政署 165 全民防詐騙網，"民眾通報假投資(博弈)詐騙網站" https://165.npa.gov.tw/#/article/news/673
11. 2023，內政部警政署 165 全民防詐騙網，"遭通報之境外帳戶" https://165.npa.gov.tw/#/article/news/676
12. 2023，政府資料開放平臺，"公司解散登記清冊(月份)" https://data.gov.tw/dataset/6049
13. 2022，ICAEA，"國際電腦稽核教育協會線上學習資源" https://www.icaea.net/English/Training/CAATs_Courses_Free_JCAATs.php
14. 2022，金融監督管理委員會 證券期貨局，"會計師核有違反洗錢防制法之罰鍰案" https://www.sfb.gov.tw/ch/home.jsp?id=104&parentpath=0,2,102&mcustomize=multimessages_view.jsp&dataserno=202207040001&dtable=Penalty
15. 2020，OPEN DADA WATCH，"Open Data Inventory (ODIN) " https://odin.opendatawatch.com/
16. 2019，政府資料開放平臺，"對常發生電信詐欺地區" https://data.gov.tw/dataset/98176

17. 2018，政府資料開放平臺，"民眾通報詐騙 line id"
https://data.gov.tw/dataset/78432
18. 2015，政府資料開放平臺，"政府資料開放授權條款－第 1 版"
https://data.gov.tw/license
19. 台灣政府資料開放平台
https://data.gov.tw/
20. 香港政府數據中心
https://data.gov.hk/en/
21. 英國國家數據中心
https://data.gov.uk/
22. 日本統計局
http://www.stat.go.jp/
23. 中國國家數據中心
http://data.stats.gov.cn/
24. 美國政府開放資料
https://www.data.gov/
25. 歐盟資料平台
https://www.europeandataportal.eu/
26. 世界銀行 World Bank Open Data
https://data.worldbank.org/
27. 世界經濟貿易合作組織資料庫
https://data.oecd.org/
28. 公開資訊觀測站
https://mops.twse.com.tw/mops/web/index
29. 商工行政資料開放平台
https://data.gcis.nat.gov.tw/main/index
30. 政府電子採購網，"拒絕往來名單"
https://web.pcc.gov.tw/pis/prac/downloadGroupClient/readDownloadGroupClient?id=50003004
31. 詐騙來電排名
https://165.npa.gov.tw/#/article/news/668
32. ADRETS，"Open Data Locale"
https://adrets-asso.fr/?OpenDataLocale
33. 2023，Yahoo 奇摩，"中信銀 3 分行行員涉勾結詐騙集團 金管會重罰 2 千萬要求究責"
https://tw.sports.yahoo.com/news/%E4%B8%AD%E4%BF%A1%E9%8A%803%E5%88%86%E8%A1%8C%E8%A1%8C%E5%93%A1%E6%B6%89%E5%8B%BE%E7%B5%90%E8%A9%90%E9%A8%99%E9%9B%86%E5%9C%98-%E9%87%91%E7%AE%A1%E6%9C%83%E9%87%8D%E7%BD%B02%E5%8D%83%E8%90%AC%E8%A6%81%E6%B1%82%E7%A9%B6%E8%B2%AC-115631100.html
34. 2020，政府資料開放平臺，"臺北市核准公司設立變更解散清冊"
https://data.gov.tw/dataset/121863

作者簡介

黃秀鳳 Sherry

現　　任

傑克商業自動化股份有限公司 總經理

ICAEA 國際電腦稽核教育協會 台灣分會 會長

台灣研發經理管理人協會 秘書長

專業認證

國際 ERP 電腦稽核師(CEAP)

國際鑑識會計稽核師(CFAP)

國際內部稽核師(CIA) 全國第三名

中華民國內部稽核師

國際內控自評師(CCSA)

ISO 14067:2018 碳足跡標準主導稽核員

ISO27001 資訊安全主導稽核員

ICEAE 國際電腦稽核教育協會認證講師

ACL Certified Trainer

ACL 稽核分析師(ACDA)

學　　歷

大同大學事業經營研究所碩士

主要經歷

超過 500 家企業電腦稽核或資訊專案導入經驗

中華民國內部稽核協會常務理事/專業發展委員會 主任委員

傑克公司 副總經理/專案經理

耐斯集團子公司 會計處長

光寶集團子公司 稽核副理

安侯建業會計師事務所 高等審計員

國家圖書館出版品預行編目(CIP)資料

AI 智能稽核 : 善用 OPEN DATA 提升法令遵循實例演練 / 黃秀鳳作. -- 1 版. -- 臺北市 : 傑克商業自動化股份有限公司, 2023.09
面 ; 公分. -- (國際電腦稽核教育協會認證教材)(AI 智能稽核實務個案演練系列)
ISBN 978-626-97833-1-1(平裝)

1.CST: 人工智慧 2.CST: 稽核 3.CST: 資料探勘

312.83 112015854

AI 智能稽核-善用 OPEN DATA 提升法令遵循實例演練

作者 / 黃秀鳳
發行人 / 黃秀鳳
出版機關 / 傑克商業自動化股份有限公司
地址 / 台北市大同區長安西路 180 號 3 樓之 2
電話 / (02)2555-7886
網址 / www.jacksoft.com.tw
出版年月 / 2023 年 09 月
版次 / 1 版
ISBN / 978-626-97833-1-1